中国国情调研丛书 · 村庄卷

China's National Conditions Survey Series · Vol. Villages

主 编 蔡 昉

张晓山

动雷村

——对湘西山区环境生态与社会生态问题的一个调查

DONGLEI VILLAGE:

A Survey of Environmental Ecology and Social Ecology Problems in the Mountains Area of Western Hunan

林 刚 陈明才 著

中国社会科学出版社

图书在版编目（CIP）数据

动雷村：对湘西山区环境生态与社会生态问题的一个调查／林刚，陈明才著．—北京：中国社会科学出版社，2019．9

（中国国情调研丛书·村庄卷）

ISBN 978－7－5203－3218－7

Ⅰ．①动…　Ⅱ．①林…②陈…　Ⅲ．①山区—生态环境—调查研究—湘西地区　Ⅳ．①X321．264

中国版本图书馆CIP数据核字（2018）第220432号

出 版 人　赵剑英
责任编辑　任　明
责任校对　张依婧
责任印制　李寡寡

出　　版　中国社会科学出版社
社　　址　北京鼓楼西大街甲158号
邮　　编　100720
网　　址　http：//www．csspw．cn
发 行 部　010－84083685
门 市 部　010－84029450
经　　销　新华书店及其他书店

印刷装订　北京君升印刷有限公司
版　　次　2019年9月第1版
印　　次　2019年9月第1次印刷

开　　本　710×1000　1/16
印　　张　15.5
插　　页　2
字　　数　258千字
定　　价　88.00元

凡购买中国社会科学出版社图书，如有质量问题请与本社营销中心联系调换
电话：010－84083683

总　序

为了贯彻党中央的指示，充分发挥中国社会科学院思想库和智囊团作用，进一步推进理论创新，提高哲学社会科学研究水平，2006年中国社会科学院开始实施“国情调研”项目。

改革开放以来，尤其是经历了40年的改革开放进程，我国已经进入了一个新的历史时期，我国的国情发生了很大变化。从经济国情角度看，伴随着市场化改革的深入和工业化进程的推进，我国经济实现了连续40年的高速增长。我国已经具有庞大的经济总量，整体经济实力显著增强，到2006年，我国国内生产总值达到209407亿元人民币，约合2.67万亿美元，列世界第四位；我国经济结构也得到优化，产业结构不断升级，第一产业产值的比重从1978年的27.9%下降到2006年的11.8%，第三产业产值的比重从1978年的24.2%上升到2006年的39.5%；2006年，我国实际利用外资为630.21亿美元，列世界第四位，进出口总额达1.76万亿美元，列世界第三位；我国人民生活不断改善，城市化水平不断提升。2006年，我国城镇居民家庭人均可支配收入从1978年的343.4元人民币上升到11759元人民币，恩格尔系数从57.5%下降到35.8%，农村居民家庭人均纯收入从133.6元人民币上升到3587

元人民币，恩格尔系数从67.7%下降到43%，人口城市化率从1978年的17.92%上升到2006年的43.9%以上。经济的高速发展，必然引起国情的变化。我们的研究表明，我国的经济国情已经逐渐从一个农业经济大国转变为一个工业经济大国。但是，这只是从总体上对我国经济国情的分析判断，还缺少对我国经济国情变化分析的微观基础。这需要对我国基层单位进行详细的分析研究。实际上，深入基层进行调查研究，坚持理论与实际相结合，由此制定和执行正确的路线方针政策，是我们党领导革命、建设与改革的基本经验和基本工作方法。进行国情调研，也必须深入基层，只有深入基层，才能真正了解我国国情。

为此，中国社会科学院经济学部组织了针对我国企业、乡镇和村庄三类基层单位的国情调研活动。据国家统计局的最近一次普查，到2005年底，我国有国有农场0.19万家，国有以及规模以上非国有工业企业27.18万家，建筑业企业5.88万家；乡政府1.66万个，镇政府1.89万个，村民委员会64.01万个。这些基层单位是我国社会经济的细胞，是我国经济运行和社会进步的基础。要真正了解我国国情，必须对这些基层单位的构成要素、体制结构、运行机制以及生存发展状况进行深入的调查研究。

在国情调研的具体组织方面，中国社会科学院经济学部组织的调研由我牵头，第一期安排了三个大的长期的调研项目，分别是“中国企业调研”“中国乡镇调研”“中国村庄调研”。“中国乡镇调研”由刘树成同志和吴太昌同志具体负责，“中国村庄调研”由张晓山同志和蔡昉同志具体负责，“中国企业调研”由我和黄群慧同志具体负责。第一期项目时间为三年（2006—2008年），每个项目至少选择30个调研对象。经过一年多的调查研究，这些调研活动已经取得了初步成果，分别形成了《中国国情调研丛书·企业卷》《中国国情调研丛书·乡镇卷》《中国国情调研丛书·村庄卷》。今后这三个国情调研项目的调研成果，还会陆续收录到这三部书中。

我们期望，通过《中国国情调研丛书·企业卷》《中国国情调研丛书·乡镇卷》《中国国情调研丛书·村庄卷》这三部书，能够在一定程度上反映和描述在21世纪初期工业化、市场化、国际化和信息化的背景下，我国企业、乡镇和村庄的发展变化。

国情调研是一个需要不断进行的过程，今后我们还会在第一期国情调研项目的基础上将这三个国情调研项目滚动开展下去，全面持续地反映我国基层单位的发展变化，为国家的科学决策服务，为提高科研水平服务，为社会科学理论创新服务。《中国国情调研丛书·企业卷》《中国国情调研丛书·乡镇卷》《中国国情调研丛书·村庄卷》这三部书也会在此基础上不断丰富和完善。

陈佳贵

2007年9月

编者的话

2006年中国社会科学院开始启动和实施“国情调研”项目。中国社会科学院经济学部组织的调研第一期安排了三个大的长期调研项目，分别是“中国企业调研”、“中国乡镇调研”和“中国村庄调研”。第一期项目时间为三年（2006—2008年），每个项目至少选择30个调研对象。

经济学部国情调研的村庄调研工作由农村发展研究所（以下简称“农发所”）和人口与劳动经济研究所牵头，负责组织协调和从事一些基础性工作。农发所张晓山同志和人口与劳动经济研究所的蔡昉同志总体负责，工作小组设在农发所科研处，项目资金由农发所财务统一管理。第一期项目（2006—2008年）共选择30个村庄作为调研对象。2010年，在第一期国情调研村庄项目的基础上，中国社会科学院经济学部又组织开展了第二期国情调研村庄项目。第二期项目时间仍为三年（2010—2012年），仍选择30个村庄作为调研对象。

农发所、人口与劳动经济研究所以及中国社会科学院其他所的科研人员过去做了很多村庄调查，但是像这次这样在一个统一的框架下，大规模、多点、多时期的调查还是很少见的。此次村庄调查的目的是以我国东中西部不同类型、社会经济发展各异的村庄为调查对象，对每个所调查的村庄撰写一部独立的书稿。通过问卷调查、深度访谈、查阅村情历史资料等田野式调查方法，详尽反映村庄的农业生产、农村经济运行和农民生活的基本状况及其变化趋势、农村生产要素的配置效率及其变化、乡村治理的现状与变化趋势、农村剩余劳动力转移的现状与趋势、农村社会发展状况等问题。调研成果一方面旨在为更加深入地进行中国农村研究积累村情案例资料和数据库；另一方面旨在真实准确地反映40年来中国农村经济变迁的深刻变化及存在的问题，为国家制定科学的农村发展战略决策提供更有效的服务。

为了圆满地完成调查，达到系统翔实地掌握农村基层经济社会数据的预定目标，工作小组做了大量的工作，包括项目选择、时间安排、问卷设计和调整、经费管理等各个方面。调查内容包括“规定动作”和“自选动作”两部分，前者指各个课题组必须进行的基础性调查，这是今后进行比较研究和共享数据资源的基础；后者指各个课题组从自身研究兴趣偏好出发，在基础性调查之外进行的村庄专题研究。

使用统一的问卷，完成对一定数量农户的问卷调查和对调查村的问卷是基础性调查的主要内容，也是确保村庄调查在统一框架下开展、实现系统收集农村基本经济社会信息的主要途径。作为前期准备工作中最重要的组成部分之一，问卷设计的质量直接影响到后期分析和项目整体目标的实现。为此，2006年8月初，农发所组织所里各方面专家设计出调查问卷的初稿，包括村调查问卷、调查村农户问卷等。其中，村问卷是针对调查村情况的详细调查，涉及村基本特征、土地情况、经济活动情况、社区基础设施与社会服务供给情况等十三大类近500个指标；农户问卷是对抽样农户详细情况的调查，涉及农户人口与就业信息、农户财产拥有与生活质量状况、教育、医疗及社会保障状况等九大类，也有近500个指标。按照计划，抽样方法是村总户数在500户以上的抽取45户，500户以下的抽取30户。抽样方法是首先将全村农户按经济收入水平好、中、差三等，其次在三组间平均分配抽取农户的数量，各组内随机抽取。问卷设计过程中，既考虑到与第二次农业普查数据对比的需要，又吸取了所内科研人员和其他兄弟所科研人员多年来的村庄调查经验，并紧密结合当前新农村建设中显露出来的热点问题和重点问题。问卷初稿设计出来之后，农发所和人口与劳动经济研究所的科研人员共同讨论修改，此后又就其中的每个细节与各课题组进行了集体或单独的讨论，历时半年，经过四五次较大修改之后，才定稿印刷，作为第一期村庄调研项目统一的农户基础问卷。

在第二期村庄调研项目启动之前，根据第一期调研中反映的问题，工作小组对村问卷和农户问卷进行了修订，以便更好地适应实际调研工作的需要。今后，随着农村社会经济形势的发展，本着“大稳定、小调整”的原则，还将对问卷内容继续进行修订和完善。

在项目资金方面，由于实行统一的财务管理，农发所财务工作的负担相对提高，同时也增加了管理的难度，工作小组也就此做了许多协调工作，保障了各分课题的顺利开展。

到2010年7月为止，第一期30个村庄调研已经结项23个；每个村庄调研形成一本独立的书稿，现已经完成11部书稿，正在付梓的有5部。第一期村庄调查形成的数据库已经收入22个村1042户的基础数据。

国情调研村庄调查形成的数据库是各子课题组成员共同努力的成果。对数据库的使用，我们有以下规定：（1）数据库知识产权归集体所有。各子课题组及其成员，服务于子课题研究需要，可共享使用数据资料，并须在相关成果关于数据来源的说明中，统一注明“中国社会科学院国情调研村庄调查项目数据库”。（2）为保护被调查人的权益，对数据库所有资料的使用应仅限于学术研究，不得用于商业及其他用途；也不得以任何形式传播、泄露受访者的信息和隐私。(3) 为保护课题组成员的集体知识产权和劳动成果，未经国情调研村庄调查项目总负责人的同意和授权，任何人不得私自将数据库向课题组以外人员传播和应用。

国情调研是中国社会科学院开展的一项重大战略任务。其中村庄调研是国情调研的重要组成部分。在开展调研四年之后，我们回顾这项工作，感到对所选定村的入户调查如只进行一年，其重要性还体现得不够充分。如果在村调研经费中能拨出一部分专项经费用于跟踪调查，由参与调研的人员在调研过程中在当地物色相对稳定、素质较高、较认真负责的兼职调查员，在对这些人进行培训之后，请这些人在此后的年份按照村问卷和农户问卷对调查村和原有的被调查的农户开展跟踪调查，完成问卷的填写。坚持数年之后，这个数据库将更具价值。

在进行村调研的过程中，也可以考虑物色一些有代表性的村庄，与之建立长远的合作关系，使它们成为中国社会科学院的村级调研基地。

衷心希望读者对村庄调研工作提出宝贵意见，也希望参与过村庄调研的同志能与大家分享其宝贵经验，提出改进工作的建议。让我们共同努力，把这项工作做得更好。

编者

2010 年 7 月 28 日

目　录

前言………………………………………………………………（1）
第一章　动雷村生态环境与社会环境概况……………………（4）
第一节　雪峰山脉中的绥宁县和党坪乡……………………（4）
一　县、乡自然地貌………………………………………………（4）
二　行政区划的变动………………………………………………（9）
三　以苗族为主的少数民族聚集地 …………………………（12）
第二节　苗村动雷的自然、社会面貌 ………………………（20）
一　大自然与动雷 ………………………………………………（20）
二　动雷村社会经济变迁轨迹 ………………………………（33）
第二章　动雷人与山林母亲 ……………………………………（42）
第一节　农民生活方式与山林 …………………………………（42）
一　住与食 …………………………………………………………（42）
二　用与行 …………………………………………………………（47）
第二节　信仰、习俗与山林 ……………………………………（48）
一　民族信仰 ………………………………………………………（48）
二　民族习俗 ………………………………………………………（52）
第三节　山林文化一瞥 ……………………………………………（60）

一　诗歌 …………………………………………………… (60)
二　春联（山林方面） ………………………………… (65)
三　关于山林的谚语（含俗语） ……………………… (68)
第四节　林业的重要经济地位和作用 ………………… (73)
一　林业在全县国民经济中的地位 ………………… (73)
二　林农的林业收入结构 …………………………… (74)
三　林业收入（产值）占大农业的比重 …………… (75)
四　税收、财政与林业 ……………………………… (79)
第三章　山区自然生态的历史变化、现状与经验教训 ……… (90)
第一节　山区生态环境的历史变迁 …………………… (90)
一　新中国成立前 …………………………………… (90)
二　新中国成立后的砍伐、造林与管护过程 ……… (91)
三　林权改革轨迹 …………………………………… (97)
第二节　林业、自然生态的变化、现状与问题………… (102)
一　林业与林区的变化及现状……………………… (102)
二　森林变化的自然生态后果……………………… (123)
第三节　问题产生的原因与教训……………………… (133)
一　把林木视为主要财源取用……………………… (133)
二　观念与政策：与自然友善还是竭泽而渔……… (139)
三　管理不严………………………………………… (141)
四　自然灾害对林业的损毁………………………… (142)
五　违背自然规律，对待山林的错误态度和做法
——对“全垦造林、全垦抚育”的反思 …… (143)
第四章　林区社会生态现状与困境……………………… (151)
第一节　农村人口大量外出…………………………… (151)
一　户籍人口的年龄结构与文化水平……………… (151)
二　农村人口大量外出……………………………… (152)
第二节　留守村民的生产与生活……………………… (153)

一　农业生产概况…………………………………………………（154）
二　林业生产和收入概况……………………………………………（158）
三　在乡农户综合收入及结构………………………………………（159）
第三节　家庭的分裂及经济功能的新变化……………………………（163）
一　外出打工与在村留守……………………………………………（163）
二　固有农户家庭的分裂与瓦解……………………………………（166）
三　农户家庭收入分配的复杂化与新形态…………………………（170）
第四节　动雷村的老龄化、空巢化与乡村治理………………………（175）
一　动雷村的老龄化、空巢化、贫困化现象………………………（175）
二　谁来种田和管护家园……………………………………………（184）
三　乡村治理与农村民主建设………………………………………（187）
第五章　林区农村保护生态与发展的建议……………………………（192）
第一节　保护生态与山区开发良性互动………………………………（192）
一　总结经验，坚持按客观规律办事………………………………（192）
二　调结构、转方式，按规划科学开发，从严治林，
永续利用………………………………………………………（199）
第二节　整顿乡村基层，创新乡村社会组织：
几种设想与经验……………………………………………（202）
一　建立农民专业合作社，走联合互助之路………………………（202）
二　搞好培训、提高农民素质………………………………………（203）
三　留住和吸引人才…………………………………………………（204）
四　引进科技项目……………………………………………………（205）
五　产销直接挂钩，砍掉中间环节，切实维护林农和
企业利益………………………………………………………（206）
六　加强部门支农力度………………………………………………（207）
七　加大国家投入……………………………………………………（208）
八　建设好村干部队伍………………………………………………（209）
全书总结…………………………………………………………………（212）

附录 山区农民的心声——160户村民随谈录 ……………… (216)
后记 …………………………………………………… (235)

前　　言

本调查报告是中国社会科学院组织的“国情调研”项目中“村庄调研”第二期的工作之一，总负责人是农村发展研究所张晓山教授、人口与劳动经济研究所蔡昉教授。调查由中国社会科学院经济研究所研究员林刚、湖南省绥宁县党坪苗族乡动雷村前党支部书记陈明才共同完成。中国社科院经济所苏金花研究员参加了对全县概况的调查工作。

调查始于2010年秋，于2013年年中初步结束，之后根据进一步认识和思考，又陆续进行了一些后续的补充调查。本调查大致可分为两阶段。第一阶段集中在2010年秋，主要目的是了解绥宁县农村概貌。在县委负责同志和县政策研究室的帮助下，对全县的基本情况、自然环境、社会经济、各主要产业的状况进行初步了解，并重点实地考察，访问了包括动雷村在内的一些乡、镇、村。社科院经济所苏金花研究员作为主要人员参加了第一阶段的调研。第二阶段自2011年11月起，对动雷村进行较深入调查，主要通过实地调研，了解村内的环境、地貌、植被、水利、山林；通过入户访谈，了解农民的家庭组成、经济活动、日常生活、喜怒哀乐；并结合当地的相关文字资料，力求较多认识动雷村的自然生态和社会生态的历史和现况。

为较全面地了解全村的状况、动态和真实面貌，调查者决定利用陈明才同志长年在动雷村生活工作的积累及与村民们的亲情关系，对全村所有农户进行基本情况摸底调查，以 2010 年为时点，统计 250 余户的家庭人口、年龄、文化程度、政治面貌、从事职业、从业地点、从业时间、从业收入，以及土地（包括土地承包面积、当年实种面积、流转）状况、山林状况（包括林改前后的面积与当年林业收入）、住宅情况、现有农业机械情况，等等。将上述内容制成表格，并按组成册。在摸底资料基础上，再进一步就需要研究的问题，经过补充调查，分类整理计算，形成若干专题统计表，大大便利了本调查研究的进行。这些统计表主要有：2010 年农户外出、村内就业情况统计表；全村 65 岁以上老人及家庭情况统计表；动雷村享受惠民政策情况表；2010 年农户家庭经济晒底表；2010 年农户家庭经济第一产业收入明细表；2010 年度农户粮食收支明细表；等等。

这次调查历时三四年，自始至终得到了绥宁县委、县政府负责同志和县政策研究室、统计局、林业局、气象局等单位的负责同志，以及党坪乡有关部门的亲切关怀、热情帮助和大力支持。

调查工作离不开动雷村领导和农民兄弟的直接支持帮助以至积极参与。动雷村农户摸底调查是较好认识村情的基础，摸底调查采取五个步骤进行。一是向村支两委汇报这次国情调研的意义和做法。村支书和村主任及秘书都表示大力支持，愿意提供所需报表资料，协助开展相关工作。这就给我们提供了政治保证和工作支持。二是召开村、组干部座谈会，讲明这次国情调研的目的意义和要求，培训他们练习填报相关内容，这就打下了群众基础。在此基础上由他们填好各组内村民的数据。三是调查者亲自走访 1/3 的农户进行核对细查，纠正填错的数据和内容。四是用电话联系一些外出户的情况，补上所缺的内容。五是分类汇总填表，从对照分析中发现问题及时更正。除极少数多年外出未能联系而只能根据相同户相同人相同能力进行测算和评估外，绝大多数农户能实事求是填报内容。

最后应该强调的是，这次调查是一项专题调查，主要针对动雷村现实生态环境和社会经济环境的历史遗留和现时状况中存在的问题和不足。发现问题是为了总结经验，面向未来，更好地可持续地推进现代化建设，而不是对村、乡、县工作的全面评价。毫无疑问，在各级党和政府的领导下，在全县群众的努力奋斗下，绥宁县、党坪乡和动雷村的各项工作都取得了重大进步，成绩斐然，这不容置疑，即便是本调查列举的若干问题，其形成原因也是多方面和错综复杂的，绝不能片面归咎于当地。

第一章

动雷村生态环境与社会环境概况

动雷村是我国湖南省西南部山区的一个普通村庄。本书主要关注该村的自然生态环境和社会生态环境状况。动雷村的历史和现状脱离不开外在大环境的种种影响，这就不宜单就一个村的情况去孤立分析问题，而应注意该村所置身其中的地理区位、自然环境和社会环境，了解它与所在县、乡的县情、乡情的内在联系，了解全省乃至全国的变动对其之影响。这使我们在介绍动雷村之前及分析问题的过程中，有必要对该村所处的周边环境予以相当注意。

第一节　雪峰山脉中的绥宁县和党坪乡

一　县、乡自然地貌

从图 1-1 至图 1-3 三图中，我们可以直观地对绥宁在湖南全省、湘西地区的地理位置以及本县内部的行政区划有一个大致印象。

动雷村隶属于绥宁县，其自然生态、社会变迁都与县情息息相关。绥宁位于湖南西南边陲，北纬 26°16’—27°00’，东经 109°48’—110°32’，土地总面积 430 万亩。县境北部是雪峰山脉南段，分中、东、西三支进入，中支为主脉，纵贯于县境中部，系县境沅

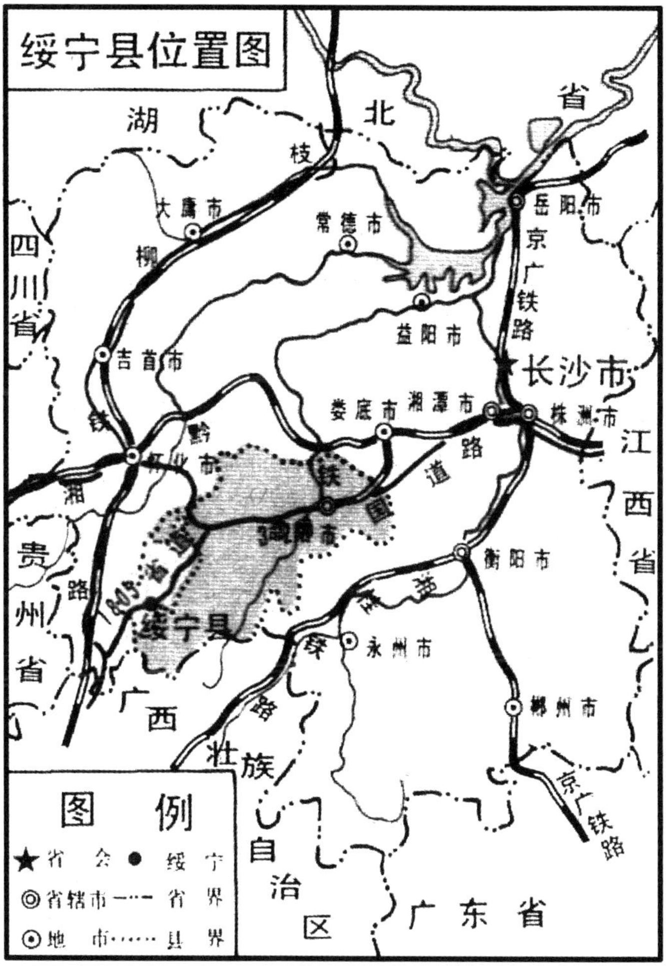

图 1-1　绥宁县在湖南省的位置——位于湘西南邵阳地区，毗邻贵州、广西

江流域和资江流域的分水岭；西支逶迤于西北境；东支耸立于县界，界东从北至南为洞口县、武冈县（今武冈市）和城步苗族自治县。县境南部是八十里大南山北脊的西北面，山峰挺拔峻峭。在这块南北长、东西窄、北端稍向东倾、形同平行四边形的土地上，山地占全县土地总面积的 73%，层峦叠嶂，林密草深，海拔最高 1913 米，海拔最低 205 米。海拔 1000 米以上山头 348 座，多数挺立在东、南、北三面，形若围屏。西部地势稍低，从北至南依次与

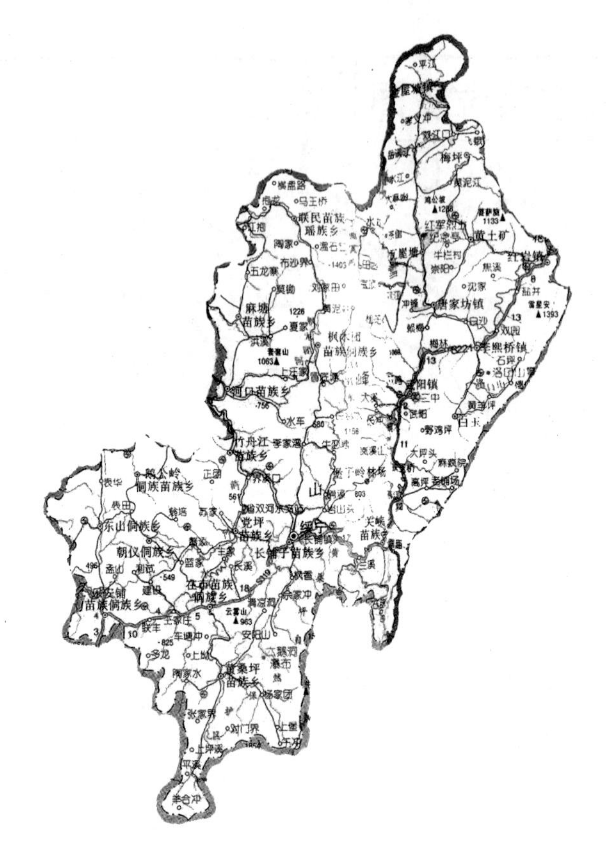

图 1-2　绥宁县行政区位图

怀化市的洪江市、会同县、靖州苗族侗族自治县、通道侗族自治县为邻。全县总面积 2926.47 平方公里，约占全省总面积的 1.38%。全县“八分半山一分田，半分水路和庄园”，总耕地面积 292050 亩，其中水田 265650 亩，旱地 26400 亩[①]，水田以梯田为主，粮食作物以中稻为主。清代中期，武阳米曾作为“贡米”每年向朝廷进贡。主要经济作物有油菜、柑橘、西瓜、生姜等；土特产有香菇、木耳、杨梅、天麻、玉兰片、猕猴桃、云雾茶、白毛乌骨鸡。[②]

① 见《县统计年鉴》2010 年数据。

② 资料来源：除注明者外，均为《绥宁县志》概述，1997 年 7 月出版。

绥宁是全省、全国重点林区县，山多林密，地多矿少，是培育大中径木材的理想基地。到2010年，全县森林面积达到348.9万亩，森林覆盖率达到74%，林木储蓄量达到1543万立方米，林业产值超30亿元。30多年来一直被称为“三湘林业第一县”。森林资源非常丰富，植被种类繁多。有木本植物102科272属700多种。杉木居首，达110万亩；马尾松51万亩；杂木（阔叶林）66万亩，楠竹林60万亩，经济林树种有油茶、油桐、柑橘、板栗、杨梅、杜仲、厚朴、黄柏、桃、李、梨、柿等品种。属国家保护的野生植物21种，国家保护的野生动物37种。已建成黄桑国家级自然保护区和天堂界、神坡山、洛口山三个保护小区。生态公益林达127万亩，先后跻身“全国科技兴林示范县”、“全国绿色小康县”、“国家生态示范县”、“中国竹子之乡”、“湖南林业十强县”行列。1982年，被联合国教科文组织誉为“一块没有污染的绿洲”，并邀请绥宁县县长参加世界环境保护会议。县境有优良的气候资源，系中亚热带山地型季风湿润气候区。夏少酷暑，冬无严寒；垂直变化大，地形小气候显著；昼夜温差大，雨量充沛，年际变化较小。水资源相当丰富，年径流量24.35亿立方米，水能可开发量11.26万千瓦，有温泉二处。矿产资源有石煤、铁、锰、铅、锌、硅石、花岗石等20余种。面对明显的资源优势，省外客商说：“要看林，去绥宁；要用林，找绥宁。”还形容绥宁的“山是黄金山，树是摇钱树，地是聚宝盆”。

动雷村直接归党坪苗族乡管辖。党坪乡为全县6镇19乡之一，地处绥宁县中部偏南，位于东经110°00’—110°08’、北纬26°33’—26°41’。东临县城长铺镇，西接鹅公岭侗族苗族乡和朝仪侗族乡，北毗竹舟江苗族乡和河口苗族乡，南连寨市苗族乡和长铺苗族乡。东西宽约13.5公里，南北长约16.5公里，总面积100.17平方公里。

乡境属中低山区，为雪峰山脉南端同八十里大南山西北处的接

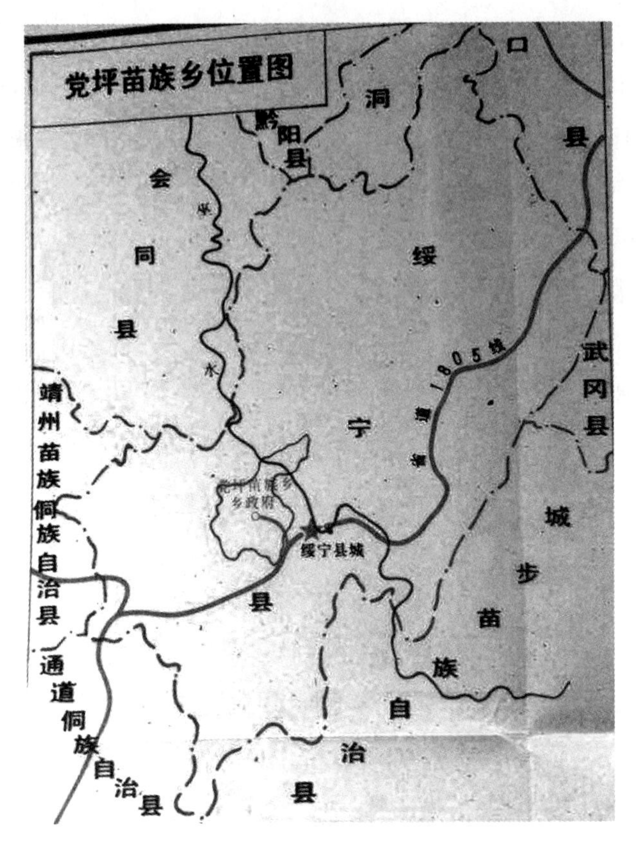

图 1-3　党坪苗族乡位置图

合地，北高南低。巫水和莳竹河系乡内过境主要溪河。海拔最高1139.1米，最低255米。境内层峦叠嶂、河流交错、沟壑纵横。为中亚热带山地型季风湿润气候，气候温和，四季分明，雨量充沛，多年平均降雨量1378.1毫米，多数集中在3—6月，夏秋干旱五年三遇，平均年日照1090.4小时，无霜期305天，年平均气温16.6摄氏度，是动植物生长的黄金地带。

全乡八分山地一分田，半分水路半分园。可以开发利用的农业用地14139.9亩（其中水田9748亩、旱地2205亩、其他2186.9亩）[①]，占总面积的9.4%。除生产稻谷、红薯、小麦和玉米等十多

① 见《县统计年鉴》2010年数据。

种粮食作物外，还种植生姜、辣椒、黄豆、油菜和花生等十多种经济作物，其中生姜在周围五县享有盛名。在 3866.8 亩园地中，种植着以蜜橘为主的柑、橙、柚、桃、杨梅、葡萄等十多种果木和天麻、百合、绞股蓝等 20 多种药材。

乡境有林地 118076.1 亩，占总面积的 78.5%。松、杉、杂（阔树叶）活立木总储量 478600 立方米，活立竹 352970 根，森林覆盖率 74.5%，均居全县前列。植被达 100 多科，1000 余种，属国家保护的树种 14 种，有 100 多种野生动物。林产品除原木、原竹外，有杨梅、香菇、木耳、茶油、桐油、棕片、栗子、五倍子、山苍子、生漆等 60 多种。水能资源开发量 6800 多万千瓦，年径流量 3.217 亿立方米。矿产资源有沙金、锰、硫铁等十多种。①

二　行政区划的变动

1. 绥宁县

绥宁县在春秋时属楚国黔中郡地。秦为象郡地。西汉为武陵郡镡成县地。东晋为武陵郡舞阳县（镡成县并入）地。梁为南阳郡（析武陵郡置）龙剽县（舞阳县更名）地。隋为沅陵（南阳郡易名）龙剽县地。

唐贞观十一年（637），始名徽州，系经制州。大历十二年（777）为西原蛮潘长安所占，成为溪峒州。大和年间回归唐朝，改为羁縻州。后周显德年间复名徽州。宋元丰四年（1081）改名置莳竹县，隶邵州。崇宁二年（1103）废莳竹县，易名为绥宁县（寓绥之以宁之意），隶邵州。元朝至元十四年（1277）隶湖广行省武冈路。明洪武三年（1370）改隶靖州。清代隶属未变。民国三年（1914）隶辰沅道，二十五年（1936）隶湘西绥靖处第四行政督察区。

1949 年 10 月 10 日，中国人民解放军第三十八军一一二师解放

① 资料来源：除注明者外，均为《党坪苗族乡志》概述，1997 年 6 月出版。另外，本书中一些数据，因四舍五入的原因，可能出现某些差异，敬请谅解。

绥宁县城（今寨市），11 月 1 日成立临时县政府，隶湘西行政公署会同专署。解放军南进广西后，国民党残余武装于 1950 年 5 月成立匪县政府，临时县政府被迫迁至县境北部的唐家坊。1950 年 10 月 20 日，中国人民解放军第四十六军一三六师（由四十七军代管）进剿绥宁，占领县城，即日成立人民政府，隶属同前（1952 年 8 月，会同专署改称芷江专署，11 月改称黔阳专署）。1958 年 7 月，改隶邵阳专署。1986 年元月，邵阳专署撤销，实行市领导县，绥宁县隶属邵阳市至今。

民国十七年（1928），始行区、里、保、甲制，全县设 12 区，分辖 25 里。后几经更设至民国三十五年（1946）8 月，原 21 乡 1 镇缩编为 13 乡 1 镇 150 保 1500 甲。

中华人民共和国时期，即 1950 年 11 月，废旧制立新制，全县编为 8 个区，分辖 152 个村农民协会。1950 年 6 月，第八区划归通道县，其他 7 个区调整为 10 个区，辖 120 个村农民协会。1956 年 6 月，撤区，原 163 个小乡（镇）编为 2 个直属镇和 27 个大乡，下辖 163 个小乡。1958 年 9 月 15 日至 10 月 10 日，原 27 乡（镇）及 364 个高级农业生产合作社合并后改建为 15 个政社合一的人民公社和 4 个农林场（所），下设 128 个农业生产大队 552 个生产队。1966 年 2 月，原 33 个人民公社（乡）合并为 26 个人民公社，下辖 306 个生产大队，2034 个生产队。1975 年恢复庙湾林场。

1982 年实施地名规范化，更改区名 1 个，更改公社名 8 个（其中党坪公社更名为双河公社）。

1984 年 6 月 12 日，实施政社分设，公社改为乡，大队改为村，生产队改为组。县境辖 6 区和 1 个区级镇（长铺镇），26 个乡和 3 个乡级镇。乡镇辖 351 个村民委员会，2662 个村民小组。

1985 年 12 月，撤销 6 个区，设 26 乡 4 镇。其中双河乡与其他 10 乡于本年改为民族乡。设有县属农林场所 8 个。

1990 年，县辖 26 乡（其中民族乡 17 个）4 镇，下辖 357 个村民委员会，9个居民委员会，2627个村民小组，35个居民小组。有县属农林场所8个。

2010年，县境辖19乡6镇（其中民族乡14个），348个村民委员会，14个居民委员会，2596个村民小组，176个居民小组。有县属农林场所8个。

2. 党坪苗族乡

党坪是苗族为主、多种民族共同生活的少数民族聚集乡。元朝，县境行乡、图、团制，区划无考。明洪武元年（1368）辖2乡，14图，15洞，48团。乡境属枫香一图，下设区划无考。明洪武三年（1370），实行图洞合并，乡境为枫香洞。

清朝，设乡、甲、团、都、里制。康熙十一年（1672），本境称“枫落”后称“枫香都”，乾隆十九年（1754）改称“枫乐里”，驻地党坪，直至清末。

民国十七年（1928）施行区、里、甲制。全县设12个区，枫乐里属第一区务公所管辖，下设10甲。民国二十二年（1933），施行区、乡（镇）、村制，仍属第一区务公所管辖，将枫乐里分为党坪、大碑和塘湾三个小乡。民国二十六年（1937）施行区、乡（镇）、保、甲制，仍隶第一区务公所，设党坪（与大碑乡合并）、塘湾二乡。民国二十七年（1938），实行督导区、乡（镇）、保、甲制，隶属第一督导区，党坪与塘湾二乡合并建枫乐乡，驻地党坪文昌阁，下设14个保。民国二十九年（1940），撤销6个督导区，将原序号更名为地名乡，将14个保合并为9保94甲。民国三十五年（1946）7月，长铺、枫乐两乡合并为长乐乡（驻地长铺子财神馆），将枫乐乡原9个保再并为6个保（即界溪口、党坪、冻坡、大碑、苏家和塘湾），序号接长铺乡编为第7—第12保（长铺乡第1—第6保），仍设94甲。1950年4月，枫乐与长铺分乡，保甲依旧。

中华人民共和国时期，党坪乡行政区划有重大变化。

1950年冬，县人民政府通知将保改为行政组。废除乡，建立农民协会，共建6个农民协会，后龙家从冻坡农民协会分出另建农民协会。1952年，将7个农民协会改为7个小乡，下设行政组。1956年撤区并乡，将塘湾乡划归竹舟江乡，其余6个小乡合并成党坪大乡，下建19个高级农业合作社，86个生产队。1958年9月，与和平乡、长铺镇合并成立政社合一的长铺人民公社，实行军事化管理体制，公社为团，下设营、连、排、班制。党坪为第四营，下设8个连，18个排，42个班。1959年将8个连改设5个老大队，下设19个中队，41个小队，120个公共食堂。1961年3月，全县将大公社划小，党坪从长铺公社析出，建立党坪人民公社，下辖16个生产大队。1966年上半年，“四清”运动后期将部分大队合并，共设12个大队，生产队合并为77个生产队。1968年9月，成立党坪乡公社革命委员会，12个大队均成立革命委员会。1982年4月，地名普查后，县下文将党坪公社改为“双河”人民公社。由于田土实行联产承包到户，部分“四清”时合并的生产队闹分队，由77个生产队分为106个生产队。1984年5月，改“双河公社”为“双河乡”，12个大队管委会改为12个村民委员会，106个生产队改为106个村民组。1985年1月23日，经省民委批准，建立双河苗族乡。1995年2月，经省政府批准后，县政府下文将双河乡更名为党坪苗族乡至今。

三　以苗族为主的少数民族聚集地

（1）绥宁县

明洪武元年，始行居户登记，登记总户数2628户，总人口11225口（其中包括新中国成立后划出的城步，通道部分区域，下同）。嘉靖二十四年（1545）全县总人口约4万人左右。

清乾隆二十年（1755），全县达17653户、76265人。道光七年（1827）全县44023户、207426人。

图 1-4　党坪乡梨子坪苗寨（1995 年）

民国六年（1917），全县总人口 278610 人。因战火和水、旱、瘟疫灾害原因，到民国三十七年（1948）统计，全县总户数 32762 户，总人口 162189 人。

1950 年 10 月 20 日，县人民政府成立。当年底，全县总人口 132800 人（已剔除后来划给通道县和城步县的人口，下同）。随着社会的安定、生活水平的提高及医疗卫生条件的改善，人口迅速增加。1953 年第一次人口普查，7 月 1 日零时，全县有 39431 户、

150086人；1964年第二次全国人口普查，7月1日零时，全县增加到43406户、184071人；1982年第三次人口普查，7月1日零时，全县总户数56425，总人口272653人；1990年第四次人口普查，7月1日零时全县总户数76166户、318224人；2000年第五次人口普查，7月1日零时全县总户数为90370户、339235人；2010年第六次人口普查全县总户数93962户，总人口374881人，每平方公里128人。

表1-1　　　　绥宁县户口统计表

年份	总户数	总人口	每平方公里人口	户均人口	备注
1950	35400	132800	46	3.8	绥宁县人民政府成立
1953	39431	150086	48	3.78	第一个五年计划开始
1958	38500	162800	57	4.23	人民公社化时期
1962	42100	176900	61	4.2	国民经济调整时期
1964	43406	184071	63	4.24	第二次人口普查
1966	44700	201100	69	4.24	“文化大革命”开始
1970	47400	225700	77	4.76	
1976	50500	255300	87	5.05	“文化大革命”结束
1979	53086	264643	90	4.98	十一届三中全会召开
1982	56425	272653	93	4.91	第三次人口普查
1985	64069	290925	99	4.54	
1990	76166	318224	109	4.18	第四次人口普查
1995	91415	334497	114	3.66	县统计年报
1998	94454	345750	128	3.66	县统计年报
2000	90370	339235	118	3.81	第五次人口普查
2009	99150	357200	121	3.6	县统计年报
2010	93962	374881	128	3.98	第六次人口普查

资料来源：1991—2005年：《绥宁县志》第二轮。2010年：第六次全国人口普查。

绥宁县少数民族人口的最早记载为明嘉靖二十四年（1545），当年有彝丁（指16岁以上的男子）1525人。此后直到清乾隆六十年（1795）统计，少数民族人口发展到2854户、19544人，道光八年（1828）再次统计，少数民族人口为3183户、20514人。

进入民国后，虽进行多次人口统计，但没有将少数民族人口单列。

新中国成立后，贯彻民族团结平等政策，努力满足少数民族人民的意愿，因而少数民族成分得以认定，人口逐渐增加。1951 年 6 月，将老八区划给通道县，划出各族人口 42706 人。1953 年全国第一次人口普查时，县内少数民族由于对党的民族政策认识不够，多数人不敢承认自己真实的民族身份。此后，经反复宣传，人们对党的民族政策理解越来越深，多次联名要求恢复民族成分。1957 年 12 月，省民族事务委员会批准梅口、茶江、和平三乡 2252 户、8513 人恢复苗族身份。同年 3 月第二次划土地和人口 7857 人给通道侗族自治县，11 月，又划去土地和人口 544 人给城步苗族自治县。1984 年 5 月省民委批准东山、朝仪、鹅公岭等地恢复苗族或侗族成分，共恢复 12098 户 54070 人。1990 年 7 月 1 日进行全国人口普查，县境少数民族人口为 194854 人，占总人口的 61.23%，计有苗、侗、瑶、壮等 15 个少数民族。2000 年 7 月 1 日全国第五次人口普查，县境居住着 19 个少数民族，共计 201144 人，占总人口的 59.29%。2010 年 7 月 1 日全国第六次人口普查，县境内 26 个少数民族人口达 248805 人，占总人口的 66.37%。

县境的特殊地形造成了县内民族的特殊分布。纵贯于县境的雪峰山脉把县境分隔成沅水流域（主脉以西）和资水流域（主脉以东）。沅水流域为县境世居少数民族的聚居之地，各个民族来源不同。春秋战国时期，骆越人一支进入湘西南沅水流域，他们的部分后裔成为今日绥宁县境的侗族。东汉时期，洞庭湖西部的古三苗国后裔（史书称“五溪蛮”），在东汉王朝军队残酷征剿下被迫上迁，与五溪地区当地土著融合成为今日苗族的先祖。在唐代其势力扩充到今县境武阳河资水支流一带。北宋相继建立莳竹县和绥宁县后，汉民越来越多，原有的飞山蛮受排挤被迫入县境西部和南部。北宋后期，原居于新化、安化一带的“梅山蛮”（瑶民）因朝廷开疆拓土被迫向湘西南迁移。其中一支到达绥宁，绥宁因而有了瑶族。于是，沅水流域（即县境南部地区）成为苗侗瑶族的共同聚居地，明清时代称为“熟苗区”。1982—1990 年建成 17 个民族乡，后合并为 14 个民族乡。资水流域（即武阳河流域）从北宋建县后，少数民族越来越少，逐渐发展以汉族为主，但也杂居一些苗侗瑶民的地区称“生苗区”。2005 年设五镇五乡。

由于绥宁县处于祖国西南少数民族地区向湘中汉族地区的过渡地带，民族分布状况形成西南部多苗侗瑶族但也有汉族，东北部多汉族但也有苗侗瑶族的特点，共同构成了少数民族集居和杂居的地域。绥宁县几次人口普查中民族分布状况见表 1-2。

表 1-2　　　　绥宁县人口普查少数民族人口比例

全国人口普查批次	总人口	少数民族人口	占总人口%
1 第一次（1953. 7. 1）	150086	2381	1. 59
2 第二次（1964. 7. 1）	184071	10908	5. 93
3 第三次（1982. 7. 1）	272653	31159	11. 43
4 第四次（1990. 7. 1）	318224	194854	61. 23
5 第五次（2000. 7. 1）	339235	201144	59. 29
6 第六次（2010. 7. 1）	374881	248805	66. 37

说明：据人口普查数据，县内分布的少数民族有苗、侗、瑶、回、黎、壮、满、白、水、彝、京、藏、蒙古、维吾尔、傈僳、土家等 26 个，苗族人数最多，2010 年占总人口的 59. 5%，其次是侗族、瑶族。

（2）党坪苗族乡

清代和民国初期人口数无考。

民国三十一年（1942）4 月，枫乐乡公所统计全乡人口数为 1362 户、5810 人（均含塘湾乡、长溪、大唐冲和芋桥等户口人数，下同）。民国三十五年（1946），枫乐乡公所统计为 1538 户、6832 人。

新中国成立后，1950 年以来，由于政治翻身，生活上升，医疗水平提高，人口自然增长率呈上升趋势。1960—1961 年，国民经济困难时，人口出现负增长，经济形势好转后，紧接着出现1962年的人口增长高峰。1964年第二次人口普查为1413户、6103人。

1982年第三次人口普查，7月1日零时，全乡1676户、8609人；1990年第四次人口普查，7月1日零时，全乡2206户、9959人；2010年统计全乡2750户、11000人。1995年全乡人口总数首次突破万人大关。

表1-3　　　党坪苗族乡户口统计表

年份	总户数	总人口	每平方公里人口	户均人口	备注
1942	1362	5810	58	4.27	全枫乐乡人口
1946	1538	6832	68	4.44	同上
1950	1546	7136	71	4.62	同上
1956	1337	5281	53	3.95	党坪大乡时期户口
1961	1297	5042	50	3.89	下放食堂建党坪公社
1962	1398	5694	57	4.07	增加新化移民62户329人
1963	1412	6003	60	4.25	
1964	1413	6103	61	4.32	增加邵阳知青142人
1965	1522	6908	69	4.54	增加邵阳知青261人
1970	1647	7771	78	4.72	
1976	1658	8565	86	5.17	“文化大革命”结束
1979	1649	8536	85	5.18	邵阳知青全部返城
1982	1676	8609	86	5.14	第三次人口普查
1985	1852	8849	88	4.78	
1990	2206	9959	99	4.51	第四次人口普查
1995	2464	10087	100	4.09	党坪乡年报
2009	2739	10389	104	3.79	党坪乡年报
2010	2750	11000	110	4.00	党坪乡年报

早在唐代，苗、汉等族就在党坪繁衍发展。清代，又有一批苗侗先民从城步、靖县、会同迁来党坪一带搭棚定居，垦荒开田，猎耕谋生。清末民初以来，党坪民族被说成全是汉族，政府报表填的

都是汉族，部分清代民国修的族谱也把自己写成汉族，认为境内是清一色的汉地汉人。新中国成立后，特别是党的十一届三中全会以来，认真贯彻党的民族政策，实事求是地认定或改正民族成分，使少数民族得以恢复本来面貌。1981 年根据上级有关恢复与改正民族成分的文件，公社党委、管委会对境内民族属性、特征进行了调查、鉴别，并报上级有关部门认定。从大量的志、谱、著和口碑资料中有关地名方面的史实表明，党坪境域确属苗地，人口大多是苗族先祖后代。从土改时土地房产证和 1981 年地名普查的大小地名 204 处，含“洞”字的地名 73 处，含“坳”字的地名 46 处，含“团”字的地名 82 处。这就说明，历史上封建统治阶级对苗疆的“伐、征、讨、剿”，地方汉族统治阶级不断进行的“赶苗夺寨”、“赶苗夺业”，使苗民或栖居于山冲洞穴坳上谋生，或群居于半山直至山顶扎寨防守。至今还留有许多寨子遗址。另外，从宗教信仰、风俗习惯、语言特点、服饰形式和建筑风格诸方面都一脉相承或略加汉化地保留了苗族先民的传统，打下深深的烙印。只是新中国成立前，长期的民族压迫和民族歧视迫使少数民族掩盖自己的民族特点，隐瞒民族成分，以求生存谋发展，才形成了党坪是汉人汉地的历史留传。

1981 年，通过宣传和贯彻党的民族政策，识别和认定少数民族，在第三次全国人口普查（1982）中，全境恢复少数民族成分 2725 人（其中苗族 2715 人，侗族 8 人、其他 2 人），占总人口 8609 人的 31.65%。随着民族政策进一步贯彻落实，适当放宽了少数民族生育政策（按规定允许生育二胎），一些苗汉夫妇子女也随父或随母改为少数民族，加之一些开始犹豫不报的也改报了苗族，苗族人口发展很快，1990 年第四次人口普查中，少数民族人口猛增至 8571 人，比第三次普查增加 5846 人，占总人口 9959 人的 86.06%。2000 年第五次人口普查中，少数民族人口 9387 人，其中苗族 8920 人，侗族 137 人。2010 年第六次人口普查中，少数民族

10296人，其中苗族9863人，侗族414人，其他19人。

表1-4　　党坪乡少数民族统计表

人口普查次数	总人口	少数民族人口	少数民族人口%
3（1982.7.1）	8609	2725	31.65
4（1990.7.1）	9959	8571	86.06
5（2000.7.1）	10181	9387	92.2
6（2010.7.1）	10942	10296	94.1

虽然处于林区，但农业种植业仍是绥宁人民赖以生存的基本产业，农村人的吃饭主要依靠于当地的粮食产出。该县耕地资源简况如表1-5所示。

表1-5　　绥宁县耕地面积概况统计表　　单位：亩

年份	耕地		其中水田		农业人口	备注
	总面积	人均	面积	人均		
1950	268000	2.1	253000	1.98	127620	
1957	343700	2.3	306600	2.04	149435	
1962	312400	1.77	28900	1.63	176497	
1965	314100	1.7	291000	1.57	184764	
1970	317600	1.5	291300	1.38	211733	
1980	311700	1.28	285400	1.17	243516	
1985	307300	1.15	282000	1.02	275940	
1990	306500	1.05	280800	0.96	291905	
2002	293100	1.08	265500	0.98	270918	
2009	291900	1.05	265000	0.95	278476	
2010	292050	1.06	265650	0.97	273800	

资料来源：《县统计年报》。

党坪乡耕地资源简况如表1-6所示。

表 1-6　　党坪乡耕地面积概况统计表　　单位：亩

年份	耕地		其中水田		人口	备注
	总面积	人均	面积	人均		
1950	11024	1.54	8824	1.24	7136	
1957	12472	2.38	11742	2.24	5246	
1961	10930	2.17	10626	2.11	5042	
1965	11469	1.66	10672	1.54	6908	
1972	13726	1.71	12305	1.53	8049	
1980	13831	1.64	12201	1.44	8459	
1986	13907	1.52	12022	1.32	9134	
1992	14140	1.41	11030	1.10	10050	
2000	13910	1.35	10977	1.07	10287	
2009	11953	1.15	9748	0.94	10389	
2010	11953	1.09	9748	0.89	11000	

资料来源：《乡统计年报》。

第二节　苗村动雷的自然、社会面貌

一　大自然与动雷

1. 山深林密：动雷村的地理环境

动雷村位于乡境西北角，村部距乡政府 7 公里。东接本乡苏家、滚水冲村，南连本乡党坪、麻地村，西毗鹅公岭侗族苗族乡下白、拱桥、文溪村和朝仪侗族乡田仔村，北邻竹舟江苗族乡塘湾村。总面积 9.98 平方公里。1992 年土地详查测得耕地面积 1713 亩，占全村总面积的 11.44%；山林面积 12045 亩，占总面积的 80.43%；水域面积 93.7 亩，占总面积的 0.60%。境内盛产水稻、柑橘、油茶、生姜、杨梅、香菇、百合、绞股蓝等 30 多种粮食、经济作物和药材。

山峦起伏，草深林密，可以概括为动雷村自然环境的特征。全村周边群山连绵，层峦叠嶂，多为中低山，主要山脉是雪峰山余脉，但仍不乏险峻，从村中自然小地名中，如线里冲、高坡、深山

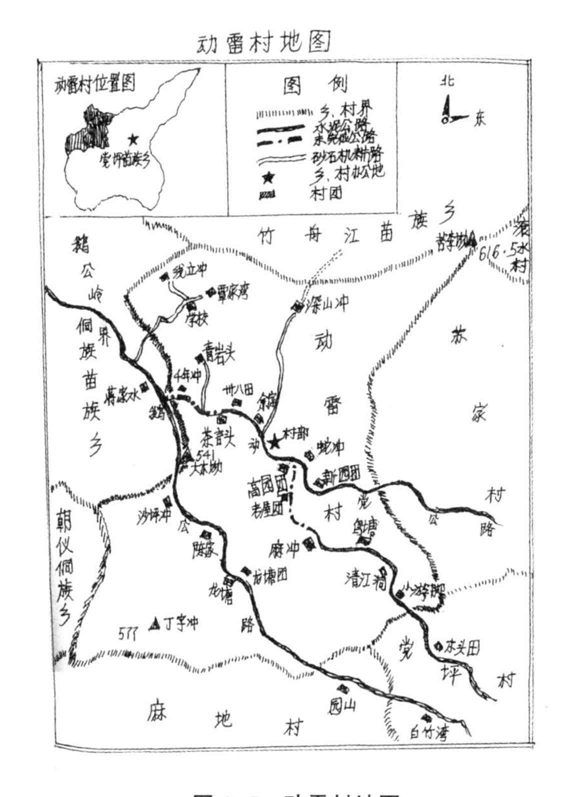

图 1-5　动雷村地图

图 1-6　山林世界：动雷人的家乡

冲、千年冲、青岩头、清江洞等，已可想见山村的山峦形势。村境内的苦李坳、大木坳，海拔五六百米，盛产多种珍贵木材、药材，发现过豹、岩羊、穿山甲、豪猪、狸、飞鼠等珍稀动物。全村总面积中，山林面积 12045 亩，占比例 80. 43%，绝大部分是山林。从高处一眼望去，万绿丛中，只在山谷中的平缓坡地，可见散落的居民住所。在村民住房身后就是山地，越向上越陡，山中只有林木和高过人的茅草。丛生茅草之密，完全堵住了上山的小路，人们必须用柴刀砍去茅草，才能费力向上爬行。只是由于多年的滥砍滥伐，粗壮成材的林木已不多见了。

图 1-7　动雷村一角

从 2011 年拍摄的这幅图片中（图 1-7），可以看到动雷的部分村舍。它坐落于山区两山之间的狭长山谷中。一条水泥公路蜿蜒穿过，可直通乡政府所在地并可达县城。这是该村的主要通道。村民住房多在山脚和附近山坡上。屋前多为农田——主要是水稻田。山坡略高处以旱地为多。再往上因地势陡峭不宜种植庄稼，就是林地了。

2. 得天独厚：丰饶的天然资源

（1）林木资源

动雷村的地理、气候条件和多类型的土壤，适宜于多种林木生长，形成了自己的优势条件。村内森林覆盖率 75%，树种多样，以松、杉树为主，杂竹次之。杉树活立木蓄量 26800 立方米，松树活立木蓄量39860立方米，杂树（阔叶林）490立方米，活立竹21800余根，均居全乡中间偏上。该村山地地貌风化壳较厚，土层深厚，土质好，酸碱适中，适种性强，民谣说这里“杉树自生成林”（指杉树砍伐后，从树蔸砍伐部位自然生长树苗长大成林），“松树飞籽成林”，（指松球内的树籽经风吹到何处，就在何处生根发芽长成林），“杂树落籽成林”、“竹子扩鞭成林”，树木能自生自长，历年不断。这完全是大自然的造化。现在推行人工造林育林。松杉则以人工造林为主。

1990年“八五林调”测得全村有林地12045亩，占土地总面积的80.43%，排全乡第五位。森林覆盖率80.45%。2010年全村有林地12445亩，占土地总面积的83.1%，森林覆盖率78.1%。

清代，动雷村山高林密，原始次生林参天蔽日，森林覆盖率达94%。俗称“屋旁栖野兽，抬头只见林；只听流水响，三丈不见人”。同治年间（1862—1874），动雷村有杉、松、杂等木之属30多种，有桃、李、柿、梨、柚等果之属20多种。民国初期，始有人到外地引进枇杷、枣子、葡萄、柑子等一些果木树种。新中国成立后，经多次林业调查，全村有乔木、灌木、木质藤本等森林植物82科、196属、810余种。

森林垂直分布大体是：海拔300—600米属黄金地段，以常绿针、阔叶林为主，有松科、杉科、樟科、壳斗科、山茶科、竹科、山矾科等树种。落叶阔叶树次之，有枫香、枳木和壳凌斗科的栎类等。森林分布的情况是：松、杉、杂（及阔叶林，下同）遍布全村，尤以高坡片、龙塘片为最。三十八田片、老屋片、鸟塘片多油茶林，溪两岸多杂木林，屋后多竹林和经济林。立木蓄积量边沿部多，中部少。

用材林

马尾松——系村内普遍和主要树种。海拔300—600米的山地都有分布，适应性很强，与其他树种混生，生长优盛，常居上层林冠。多是“飞籽成林”、“落籽成林”。1990年以来引进“华山松”、“美国松”新品种，开始人工移栽。

杉木——仅次于马尾松，分布全村。主要有油杉（树质较硬），芒杉（树质较软）等品种。1955 年以来以人工造林为主。

杂木——阔叶树统称杂木，有樟、梓、檫、楠、椆、香椿、木荷、臭椿、枫木、光皮桦、朴树、桦榛、青钱柳、栲树、勾栗、石栎、麻栎、白栎、白兰、金叶白兰、化香、杜英、山柳、木姜子、泡桐等。这些树有的是“落籽成林”，也有树蔸自生成林。

经济林

油茶——以中部为多，多分布在海拔 550 米以下山地，“落籽成林”。1966 年全村油茶面积 1200 多亩，现仅存 400 多亩。近年引进“大红苞”良种油茶，进行果园式栽培、管理。

油桐——散生于田间、地角、房前屋后，道路两旁。

漆树——分布海拔 400—700 米的山地、田冲、溪谷或农户院前屋后。土漆的重要原料。

五倍子——大都生长在低山，自然生长。

山苍子——（俗称木樟子），结的籽是熬制山苍油的原料。

柑橘——清代、民国时期的老品种，数量少口感酸。1966 年后，开始从外地引进无核蜜橘、椪柑和橙类品种，20 世纪 80 年代大量发展，全村达 300 余亩（按每亩 80 株计算）。

杨梅——分布在海拔 350—600 米的山地田土边上，自然生长结果，后来引进靖县乌梅、浙江乌梅优良品种，少量栽培。

另外有栓皮栎、白腊、杜仲、厚朴、黄柏、板栗、柿树、猕猴桃、桃、李、杏、梨、枣、棕榈、石榴、枇杷、乌桕、八角、桑树、野木瓜、大血藤等果，药林都有分布。

竹林

竹林品种以毛竹（又称楠竹）为主，另有水竹、蒿竹、桂竹、实心竹、紫竹、苦竹、桃竹、箭竹、凤尾竹，还有观赏价值很高的金竹、碧玉黄金竹、佛肚竹、斑竹等。

薪炭林

树种有勾栎、白栎、黄栎、梽木、麻栎等，原来做薪炭用的杜鹃、映山红现在有人成块移栽作观赏花林木。

古树名木

三十八田大麻栎树：海拔 420 米，树高 16 米。胸径 175 厘米，冠幅 360 平方米，树龄（至 2010 年）486 年，树中长有三根楠竹，树上缠绕着四根凉粉藤。此树已记入《绥宁县志》、《绥宁林业志》、《绥宁民族志》，并被《人民日报》、新华社、《人民画报》、《湖南日报》摄影刊登，传播海内外。

图 1–8　动雷村 5 组的五百年老麻栎树

村境原有水口山、寺庙山、祭坛山永远封禁的古树名木达 300 多株，至今仅留存 20 余株。

特用林

为科研、军事等特殊需要，1968—1980 年划定特用树种 8 种，零散约有 2000 多株，1981 年后取消了这一项目。

（2）耕地（土地）资源

清代、民国无土地统计数据。新中国成立初期，当时的农民协会和后来的小乡政府，也没有具体到村一级的土地统计，土地改革（简称土改，下同）档案亦早遗失。直到 1958 年冬成立高级农业合作社时才有土地统计。1957 年，当时按土改丈量的田土面积登记造册，全村（当时称高级社）有水田 1217.5 亩、旱土 487.5 亩，合计耕地 1705.0 亩，人平 2.86 亩。1992 年国家对整个土地进行详查，全村土地总面积 14974.9 亩，其中耕地 1713.3 亩，占总面积的 11.44%；园地面积 195.0 亩，占总面积的 1.31%；林地 12045 亩，占总面积的 80.43%；乡村工矿用地 164.7 亩，占总面积的 1.1%；交通用地 54.2 亩，占总面积的 0.40%；水域面积 93.7 亩，占总面积的 0.6%；未利用土地 709.0 亩，占总面积的 4.73%。整个土地构成“八分山地一分田，半分其他半分园”的格局。土地资源呈垂直分布。其中耕地在海拔 500 米以下的占 61.1%。海拔 500 米以上为少量稻田和旱土外，其余均为林地。随着人口的增加、修路建房和水利设施的占用、重大自然灾害的损毁、退耕还林的实施，人均占有耕地面积逐年减少，1957 年建高级社后人均耕地 2.86 亩，2010 年人均仅 1.24 亩，53 年来下降了 57%（其中水田仅 0.99 亩）。

表 1-7　　　　动雷村耕地面积概况统计　　　　单位：亩

年份	耕地		其中水田		人口	备注
	总面积	人均	面积	人均		
1957	1705.0	2.86	1217.5	2.04	597	高级社
1961	1669.3	3.03	1209.3	2.19	551	新建动雷大队
1972	1606.0	1.88	1206.0	1.41	854	
1981	1583.0	1.71	1191.0	1.29	924	集体经济末年
1986	1515.8	1.54	1190.8	1.21	987	
1992	1713.3	1.59			1077	土地详查

续表

年份	耕地		其中水田		人口	备注
	总面积	人均	面积	人均		
2000	1597.0	1.47	1096.62	1.01	1085	开始30年延包
2009	1371.5	1.25	1091.5	0.995	1097	
2010	1371.49	1.24	1091.49	0.99	1104	

资料来源：1992年前为乡、村统计报表。1992年土地详查未单列水田面积。2000年后为笔者入户调查后测算数据。

（3）水资源

地表水

动雷村坡高（平均海拔490米）谷深森林植被繁茂，雨水较多，山涧小溪纵横交错，水流较平缓，径流季节变化不大，含砂量少，污染很少。据县环保部门在该村采水测定，水中有害物质实际含量0.003mg^{-1}，仅占国家标准0.04mg^{-1}的75%。无霜期10个多月，更无长时间冰期（仅2008年春遭逢五十年一遇长达40多天冰雪天气）。全村两条溪（段），三条溪涧，总长10.2公里，流域面积8平方公里。动雷水溪从西北往东南注入文溪后汇入莳竹水党坪宋家塘，全长26公里的文溪流经该村龙塘、陈家两村民组范围，长4.4公里。

地下水

该村地下水主要为浅变质岩袭隙水。含水岩组由震旦系、寒武系、奥陶系、志留系组成。水量岩组的泉水流量0.102—5.88升/秒。除海拔500米以上的地下水（泉水）四季冰冷外，其余都是“冬热夏凉、清甜可口”。

径流量

村内地形高低悬殊不大，因而水量小、水能一般。但清代民国至20世纪50年代，由于森林茂密，生态完好，这里却是“一年四季溪流响，田间吉口水长流，大小井氹水满溢，十有九年粮丰收”的富水地域。只是20世纪70年代以来，由于过量砍伐森林，超限开挖山土，山火烧毁森林和整个大气候反常等原因，造成“十年有七年干旱三年洪涝”。至今还有20多户无法架设自来水，靠肩挑背负用水。干旱时节，有的要到距家六七里的井氹去挑水。按党坪水文站（1959—1979）实测资料推算，村境多年平均年径流量0.26亿立方米。汛期（4—7月）径流量0.135亿立方米，占年径流量的52%；枯水期（8—3月）径流量0.125亿立方米，占年径流量的48%；作物主要生长期（4—9月）径流量0.167亿立方米，占年径流量64%。但7—9月径流量，仅占年径流量的12.5%；5月径流量最大，占20.2%；1月最小，占3.5%。

表1-8　　1956—1995年蒔竹河水量特征记载表

年份	径流量（公方/秒）	日均流量（公方/秒）
1956	10.8	
1957	8.2	
1958	11.2	
1959	3.89	12.3
1960	3.017	9.54
1961	4.07	4.07
1962	3.91	12.4
1963	1.562	4.95
1964	3.289	10.4
1965	3.234	10.6
1966	2.873	9.11
1967	2.688	8.52
1968	4.548	1.45
1969	3.023	9.59
1970	4.394	13.9
1971	2.681	8.50

续表

年份	径流量（公方/秒）	日均流量（公方/秒）
1972	2.439	7.71
1973	3.857	12.3
1974	2.520	7.99
1975	2.563	8.13
1976	3.360	10.6
1977	3.81	12.1
1978	2.49	7.89
1979	3.01	9.55
1980	3.16	9.99
1981	3.50	11.1
1982	4.16	13.2
1983	3.60	11.4
1984	2.81	8.90
1985	2.46	7.90
1986	2.65	8.41
1987	2.77	8.77
1988	4.08	12.9
1989	2.517	7.98
1990	3.118	9.90
1991	3.949	12.05
1992	3.745	11.8
1993	3.931	12.5
2009	3.62	8.02
2010	2.98	7.68

说明：1956—1993年为仪器测量数据，2009、2010年为估测数据。

（4）野生植物、动物资源

动雷村林密谷深、土壤肥厚、气候温和、雨量充沛、隐蔽性好，为野生动植物提供了良好的生活环境和适宜的发展条件，曾经有900多种野生植物和200多种野生动物在这里栖居和繁衍发展。人们形容："日听百鸟叫，夜闻虎狼吼。个人不出门，走路带斧

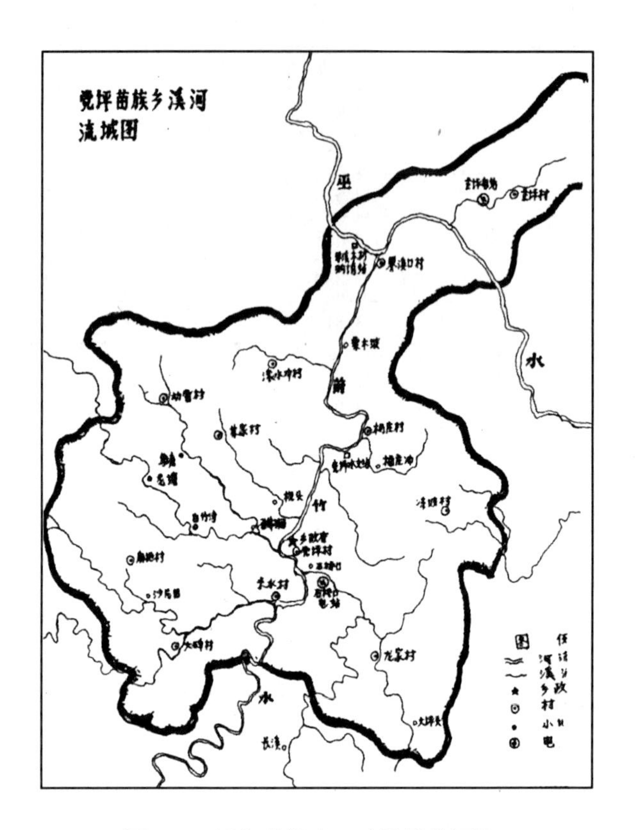

图 1–9　流经党坪乡、动雷村的河流

头。”只是近四五十年生态不断遭到破坏，这多品种多数量的野生动、植物资源被人们疯狂掠夺和摧残，现已所剩无几。比如专捉菜青虫吃的竹鸡，又是餐桌上的野味，村内老猎人每年用传统方法仅能捕获五六只。1988 年广西自治区来了几个采松脂的打工者，他们用既简单又先进的捕获工具，一天就能捕获五六只。这种捕获方法当地人学会后两年内就将全村竹鸡基本捕绝，现在就连邻村也很少有竹鸡。

木本植物（参见森林资源，这里不再分类赘述）

据 1980 年绥宁县森林资源考察目录，村境有木本植物 82 科，196 属，810 余种，列为国家保护的有穗花杉、楠木、榉木、青钱柳、华榛、银杏，杜仲、鹅掌楸、伯乐树、厚朴、红椿、任木、柔毛油杉等 20 多种，现在仅有楠木、青钱柳、银杏、杜仲、厚朴等五六种。

主要用材树种有马尾松、杉、樟、梓、楠、椆等 110 多种，现在仅存十多种。

主要树脂树种有马尾松、华山松、黑松等。

主要芳香油树种有山苍子、花椒、枫香、香桦、油茶、毛桂等。

主要纤维树种有梧桐、桑树、雪花皮、山油麻等。

主要果品树有杨梅、板栗、锥栗、甜槠、白果、拐枣、山楂子、山核桃、野柿、石榴、梨、山羊桃、毛葡萄等。

主要观赏树种有黑松、马挂木、蔷薇、杜鹃花、映山红、垂柳、槐树、柏树、山茶花、石榴花等。现在仅存五种。还有能做土农药、树胶、鞣料、橡胶、吸毒、抗烟尘的树木 100 多种也仅存 20 余种。

主要野生竹类 20 多种仅存 7 种，即水竹、观音竹、楠竹、蒿竹、桃竹、胡竹、烟竹等。

草本植物

种类较多，以禾本科为主，有冬芭茅、野古草、狗尾草、画眉草、熟禾草、白茅、三芒草、竹节草、鱼腥草、香附子、蒲公英、野百合、灯芯草、野油麻、半边莲、绞股蓝、笔筒草等 30 余种，仅存不到一半。

蕨类植物

常见的有：铁线蕨、乌蕨、贯仲、石韦、铁芒箕等十余种。

附：花类——荷花、兰花、菊花、梅花、水仙花、桂花、桃花、李花、梨花、石榴花、杏花、杜鹃花、映山红、绣球花、凌霄花、九里香、芍药、海棠、蔷薇、唢呐花、指甲花、月月红、山茶花、莲花、鸡冠花、玉簪花、百合花等 100 多种，现仅存 1/3。

野生哺乳动物

野猪、水鹿（又称野牛）、山羊、黑熊、豺、狐、貉、狗獾、水獭、果子狸、原猫、金钱豹、华南虎、华南兔（又称野兔）、穿山甲、松鼠、黄腹鼠、竹鼠、黄毛鼠、刺猬、蝙蝠等 30 多种，现仅存华南兔、松鼠、竹鼠、果子狸等少数几种。

野生禽类

红腹锦鸡、雉鸡、竹鸡、山斑鸡、八哥、画眉、布谷、百灵鸟、黄鹂、杜鹃、啄木鸟、山麻雀、喜鹊、长尾灰喜鹊、乌鸦、白鹭鸶、燕子、苍鹰、猫头鹰、野鸭等 20 多种，现在仅存布谷、啄木鸟、喜鹊、苍鹰、白鹭鸶五种。

野生鱼类

鲤鱼、青鱼、草鱼、鲢鱼、洋角鱼、鲫鱼、土鲢鱼、黄鳝、泥鳅、虾子等 20 多种。现在仅存鲤鱼、青鱼、草鱼、黄鳝、泥鳅、虾子等五六种。

两栖类

龟、鳖（又称团鱼）、石蛙、青蛙等十余种，现在仅存鳖、青蛙等。

蛇类

银环蛇、稍蛇、五步蛇、眼镜蛇、竹叶青、烙铁头、三道鳞、两头蛇、头发丝、黄号蛇、水蛇等十多种，现存五步蛇、竹叶青、黄号蛇、水蛇四种。

野生药材

植物类有灵芝草、沉香木、叶下明珠、地蕾、千金子、白玉兰、多毛猕猴桃、缺萼枫香、苦木、银杏、厚朴、南五味子、铁箍散、海风藤、山木通、土山七、大血藤、十大功劳、草珊瑚、黄樟、野山茶、老虎刺、天仙果、八角枫、马银花、朱砂银、紫金牛、接骨草、女贞、石血、百合、茯苓、胡桃、杜仲、中华五加、山苍子、五倍子、黄莲、天麻、黄柏、竹节人参、龙胆草、桔梗、绞股蓝、半边莲、车前草、过路黄、益母草、半夏、石菖蒲、香附子等400多种。动物类有野云豹、苏门铃、穿山甲、岩羊、乌龟、大蟾蜍、银环蛇等100余种。这些药用动、植物现在仅存不到100种。

二　动雷村社会经济变迁轨迹

1. 人口、民族、行政关系的变化

元、明、清时期。据相关姓氏族谱记载，较早进入动雷居住的陈姓、杨姓、于姓、覃姓族谱记载如下：

陈姓——陈秀宾于元朝元统年间（1333—1335）自李熙桥迁枫香，复于元至正四年甲申（1344）迁党坪，其儿子仁芳从党坪迁到蒋家水暂居几年后再到动雷村定居，其后裔除部分因外出种田迁徙外，大部分在今1、3、4、5、6、7、8、13组常居至今。

杨氏——杨通英于元末自都梁（今武冈）徙居绥宁枫香，其子晟朝、晟年于明洪武辛未岁（1391）自枫香徙居党坪，其后裔一部分迁入今动雷12、13、11组常居至今。

于氏——于仁甫于元朝至元十年（1350）自武阳、李熙桥移居枫香官仓坪，次移泥水江（今称米水江）蛇冲口，后移大碑船形团定居。后裔一部分进入今动雷村9、10、11组常居至今。

覃氏——覃再江于明万历十年（1582）前后由靖县下里迁徙绥宁党坪动雷高坡定居，后裔在今动雷1、2组常居至今。

民国时期。民国三十一年（1942）4月整顿保甲时，将原14个保缩编为9个保，94甲，本村范围保甲地名：2保10甲——麻冲，11甲——乌塘团、清江洞；3保9甲——龙塘团、陈家、沙比冲；8保8甲——新园团，8保9甲——高园团、老屋团、三十八田；8保10甲——茶言头、界上田、青岩头；8保11甲——高坡、宋家坳。民国三十五年（1946），枫乐乡与长铺乡合并为长乐乡时，将原9个保又缩编为6个保，序号接原长铺乡的第6保后面，从第

7保至12保，本村境属第11保，将甲调整重新编序：5甲——麻冲、乌塘团、清江洞；6甲——龙塘团、陈家、沙比冲；7甲——新园团、高园团、老屋团；8甲——三十八田、茶言头、界上田、青岩头、蒋家水；9甲——高坡、申山冲、宋家坳。

中华人民共和国时期。1950年绥宁建立人民政府后，本境属第二区苏家农民协会管辖，将保改称村，甲改称组，序号范围不变。1953年春，乡农民协会改建为苏家小乡，村组序号范围依旧。1954年实行互助合作后，依组范围建立互助组。1954年秋后，原第7组和第8组在先建联合互助组基础上建立当时苏家小乡第一个初级农业合作社。1956年撤区并乡时苏家小乡并入党坪大乡，本境划出宋家坳归竹舟江乡塘湾村，划出蒋家水归鹅公岭乡文溪村。将第5、6、7、8、9行政组合并建立动雷高级农业合作社，高级社下面建立生产队，即线里冲、覃家湾一队、覃家湾二队、申山冲、千山冲、青岩头、三十八田、高园、新园、老屋、麻冲、乌塘口、清江洞、龙塘一队、龙塘二队、陈家、沙比冲17个生产队。1958年9月成立长铺人民公社，党坪大乡为第四营，动雷高级社称动雷连，以生产队建立公共食堂。1959年撤销营连建制，将动雷、苏家、滚水合建为动雷大队。1961年3月，党坪营从长铺大公社析出建立党坪人民公社时，从动雷老大队分出建立动雷大队，撤销公共食堂，仍以高级社时17个生产队建制。1966年，四清工作组将原来17个生产队合并建立7个生产队，即将线里冲、覃家湾建为1队，申（又称深，下同）山冲为2队；千年冲、青岩头、茶言头、三十八田为3队，高园、新园、老屋为4队，麻冲、乌塘口、清江洞为5队，龙一队龙二队为6队，陈家、沙比冲为7队。1968年，随着公社建立革命委员会，大队也成立了动雷大队革命委员会，生产队称号序号不变。1980年随着分田到户政策的推行，部分原“四清”时合并的生产队闹分队，原7个队扩编为13个队，即高坡、申山冲、青岩头、三十八田、王家、新园、老屋、高园、麻冲、乌塘、清江洞、龙塘、陈家。1984 年公社改为乡政府后，大队改为村民委员会，生产队改为村民小组。1988 年乡派出所来整顿户口，16 岁以上人口发给居民身份证，并将村民组地名改为以数字为称呼，即动雷 1 组……按此类推。一直延续至今。

人口变化

民国户口和新中国成立初期人口无考。

1956 年成立动雷高级农业合作社到 1961 年建动雷大队期间，因机构更迭频繁资料遗失。直到 1961 年春实行“五定包干制”合同时，才有正式人口和其他各项较全面的统计。当时统计总人口 541 人（未统计户数）。以后每年春订生产计划、冬办分配方案，都要统计出生、死亡、迁进、迁出四项变动情况，人口统计数据始规范精确。

20 世纪六七十年代，对人口流动控制相当严厉。外出一天要经生产队长批准，外出两天要经大队批准，外出三天以上要经公社领导批准。外出区域在本公社，超过本大队的要由大队开具证明，超过本公社的要由公社开具证明，到县外的要由县开具证明。外出无证明者作为流窜犯抓获收容。

20 世纪 80 年代实行改革开放以后，随着打工潮的涌动，人口流动性越来越大，加上极少数超生人口怕被发现后罚款，因而长期隐瞒人口不报；还有个别长期外出杳无音讯，变成“失踪”人口。这样就使人口的登记管理难度加大。

出生、死亡、迁进、迁出四项变动特别是后两项非常马虎，有的女子出嫁多年孩子都生有几个还没有办迁出，有的男子孩子有了几个，可孩子母亲的户口还没有迁来；个别的既在城市上了户口，还保留着农村户口。现在只要手持“居民身份证”就可以满天飞，严重忽视了户籍人口的登记与管理，只有在进行人口普查时才有确切数据。

长期以来的“重男轻女”封建思想，一直影响着人们的生育观念，20 世纪 70 年代前部分妇女一连生了 6 个女孩还要千方百计再生一个男孩。直到改革开放后，人们的生育观念才逐步转变为“生男生女都一样，都是传宗接代人”。但动雷村由于地理环境和遗传因素等原因，历年男女性别比较正常，而且是全乡男性比最少的一个村。

表 1-9　　　　　　　　动雷村户口统计表

年份	总户数	总人口	每平方公里人口	户均人口	备注
1961		541	54		“五定包干合同”人口
1962	156	605	61	3.9	增加新化 3 户 11 人
1964	163	667	67	4.1	增加邵阳知青 36 人
1965	175	772	77	4.4	增加邵阳知青 28 人
1966	174	795	80	4.6	17 个小队并成 7 个大生产队
1970	187	855	86	4.6	
1976	188	926	93	4.9	
1978	187	939	94	5.0	
1979	180	924	93	5.1	邵阳知青全部回城
1980	179	923	93	5.2	7 个大生产队分为 13 个生产队
1982	182	935	94	5.1	田、土、山全分到户
1986	202	987	99	4.9	
1990	230	1037	94	4.5	第四次人口普查
1993	264	1097	110	4.2	
2000	262	1085	109	4.1	第五次人口普查
2005	259	1075	108	4.15	
2008	263	1081	108	4.1	
2009	264	1097	110	4.16	
2010	256	1104	110	4.3	国情调查

动雷村的民族人口来源和发展与全乡同步，密不可分。少数民族人口从 1982 年以来逐渐增多，1990 年第四次人口普查苗族 944 人，占总人口的 91%；侗族 11 人，占总人口的 1.1%，共占总人口

的92%。2010年底，苗族达到1034人，占总人口的93.7%，少数民族人口占人口总数的95.8%。

表 1-10　　　　动雷村少数民族统计表

人口普查次数	总人口	少数民族人口	其中		少数民族人口%
			苗族	侗族	
4（1990.7.1）	1037	955	944	11	92
5（2000.7.1）	1085	990	974	16	91
6（2010.7.1）	1138	1044	1007	37	92
国情调查（2010.12.1）	1104	1058	1034	24	96

2. 经济体制变迁，生产与收入

新中国成立前，俗称旧社会，实行封建所有制。明清时期，土地山林归朝廷“屯田养勇”，镇压苗族人民。民国时期，大部分土地、山林为地主、富农所占有。据1952年的统计，土改前动雷村有1413亩水田和11820亩山林。178户中有地主2户，富农8户，中农33户和贫雇农135户（以上均含1954年后外迁的宋家坳和蒋家水住户）。地主有田113亩，占总水田的8%，户均56.5亩。富农有田311亩，占22%，户均38.9亩。中农有田622亩，占44%，户均18.8亩。贫雇农367亩，占26%，户均2.72亩。地主有山林946亩，占8%，户均473亩。富农有2955亩，占25%，户均369亩。中农有6857亩，占58%，户均208亩。贫雇农有1062亩，占9%，户均7.9亩。地主靠出租土地、雇工、放高利贷和卖青苗剥削农民，富农同样雇工、放高利贷，但自己参加部分劳动。中农则主要靠自己劳动，只在农事大忙季节临时雇请零工。贫农大部分靠种佃耕田或靠帮短工或长工度日。雇农则财产全无，全靠帮长工维生。当时生产项目主要是种植稻谷、红茹、黄豆、蔬菜、麻类，经营油茶山、少量果木、药材，喂养牛、猪和家禽。地主富农还砍伐销售木材。因生态条件好，这里年年均无大水灾和大旱灾。由于是老品种、老种养技术，产量低、效益低。

新中国成立后，开始实行个体所有制。党和政府发动广大农民清匪反霸、减租退押。从1952年春开始进行土地改革，没收匪首、地主的土地、山林、房屋、农具，耕牛按政策分给贫苦农民。农民分得土地后，绝大部分户日子越过越好，但少数户缺劳力、缺资金、缺耕牛、缺农具，生产生活仍有困难。1953年许多农户自愿组合，建立换工组、帮工组等互助组，解决了缺耕牛、缺农具和缺劳力的困难，后来发展成为常年互助组。

1954年党和政府加快农业合作化进程，将个体所有制改变为集体所有制，大办农业生产合作社。社员将所分土地、山林、耕牛及大型农具等生产资料折价作股金入社，劳动力则评定工分等级，由社统一安排支配，生产收支统一核算。当年动雷初级社就增产36%，增收62%。1956年全村4个初级社合并建成动雷高级农业生产合作社。1958年建立人民公社后，动雷高级社与苏家、滚水两高级社合并建立动雷生产大队。取消自留地，办公共食堂，生产管理上实行组织军事化、生活集体化、生产战斗化。1961年春，取消公共食堂，大队划小，动雷大队从原三社合一的老大队析出建立动雷生产大队，下设17个生产队，实行“三级所有，队为基础”的体制。1978年冬，贯彻党的改革开放政策，落实农村经济政策，取消吃大锅饭，实行按劳取酬。1982年将田土、山林全部分到户经营。还将集体房屋、农具、耕牛作价卖给农户或外地。田土承包年限第一次三年，后来延长到15年，第三次再延长30年。田土分到户后极大地激发了农民的生产积极性。农民根据生活需要和市场需求安排生产内容和经营项目，收入节节攀高。但随着社会前进和家庭变化，分田到户后一些弊病逐渐暴露出来，如部分人只顾自己、不顾集体和他人，人与人之间感情淡薄；无力进行大中型基础设施建设，原有设施老化甚遭到破坏；发生重大灾害难以抗拒和恢复；由于资源占有不公和分配不公，贫者更贫，富者更富，贫富矛盾日深。

政治—经济体制变动对村民的生产、收入、生活产生了直接影响。

清代、民国时期，村境贫困农民生活苦不堪言。少数富裕农民生活也是节衣缩食、艰难度日。新中国成立后，村内农民生活水平开始提高。但在1958年以前，各个组因田土、人口数量和质量的差异，人均收入都有较大差距。1961年，通过实行“三级所有、队为基础”和“四固定”，对土地进行了适当调整，差距有所缩小。后来经过国民经济调整和制定一系列支农、强农政策措施，农业有所发展。但长期结构单一，集体统得过死，农民收入增长缓慢。1981年后，全面推行家庭联产承包责任制，并大面积推广杂交稻和农业科学技术，广开生产门路，农业生产发展很快，不仅粮食大幅增产，现金收入亦增加较快。特别是20世纪80年代以来，青壮农民大批外出打工。农户有成员外出打工后，家庭收入及分配形式已分为几个部分，这使农民收入在形式、性质上与以往完整家庭明显不同。

就当前在村农民而言，日常生产生活和收入可概括为农业与林木业的密切结合。村民生活在群山之中，林木是他们生产生活的重要内容和来源。虽然山林的成长主要源于大自然，但人工造林作用，以及种植楠竹、果树等收入不可忽略。而村民们解决“吃饭”问题，基本要靠粮食种植业。饲养猪、禽，种植一些经济作物以及蔬菜，都是最常见的生产活动和基本生活所需。

总体上，动雷村村民的生产和生活由本地务农和外出打工两大部分构成。就留在农村的村民看，要依靠农业与山林的双重哺育维持基本生活。目前，林业收入在生产和支出统计表中并无明显反映，看上去，村民们与其他非山林地区农民的维生方式是一样的，但这绝非表明林业没有重要作用。实际上，山林是动雷村人生存的基本环境和保障，它决定了当地人的生活和生命的安全。山林对气候、土壤、空气、水分的护卫作用一旦受损，山区人民的生命及财产就丧失了最重要的保障。村民们的日常生活也离不开山林的哺育。迄今为止，住房建材仍基本靠林木。村民的日常生活如烧饭、取暖、饮用和生产用水，都完全依赖山林。这些，我们将在以下章节中加以详述。

人均纯收入，在某一方面可以反映出人们生活水平的变化状况。我们力求通过数据比较县、乡、村三级情况，以显示动雷村在县、乡的地位。但由于统计数据不完整，我们只能列出 1991 年之后的县、乡、村三级统一的比较数，之前只有村级数据。

就动雷一村看，自 1963 年至 1990 年人均纯收入如表 1-11 所示。

表 1-11　动雷村农民人均纯收入统计表（1963—1990 年）　单位：元

年份	纯收入	人均产值	备注
1963	98.16		
1964	94		
1965	92		
1966	107.54		
1967	94		
1971	72		
1972	75		
1973	78		
1974	86		
1980	114		
1981	151		
1985	246		
1988	308		
1989	337		
1990	383		

说明：纯收入、产值均为当年价。

1991 年后，县、乡、村农民人均纯收入如表 1-12 所示。

表 1-12　　县、乡、村历年农民人均纯收入比较统计　　单位：元

年份	绥宁县	党坪乡	动雷村
1991	596	401	527
1992	614	411	589
1993	679	655	603
1994	862	760	647
1995	1175	984	887
1996	1621	1459	1221
1997	2194	1978	1218
1998	2198	2034	1642
1999	2260	1987	1695
2000	2208	1924	1656
2001	2106	1944	1620
2002	2363	2127	1772
2003	2514	2263	1887
2004	3013	2731	2259
2005	3515	2238	2636
2006	3557	3202	2667
2007	3895	3506	2921
2008	3877	3481	2908
2009	3932	3538	2941
2010	4072	3665	2983

资料来源：县据县政府工作报告；乡据乡政府工作报告加以推算；村数据为统计推算。均为当年价。

第二章

动雷人与山林母亲

第一节　农民生活方式与山林

长期以来，农民栖居在山，劳动在山，一切活动主要在山。无论人们的住、用、行、吃穿和健康，都与山林紧密相连。山，成为山里人生存的依托和生活的依靠，在相当程度上甚至成为命运的主宰。

一　住与食

山林对动雷人最直接的恩惠体现于住房。20 世纪 80 年代以前，村境民房简陋狭窄，以草木、竹木结构为多，纯木结构仅少数富户建造。古代穷人建房大多建于山顶或山腰，只有富户才建于山脚或平地，布局零乱，非常偏僻，如千年冲、沙坪冲、高坡、深山冲等距离人口集中地（即保、甲所在地）达 6—10 里，中间无人烟，常有虎豹出没，除白天出门生产外，晚上一般不敢轻易出门。

20 世纪 50 年代以后，住房建设得到较快发展，结束了草木、竹木结构历史，建房全部为纯木结构。1951 年，境内有正屋 66 栋，仓楼 80 多栋，建筑总面积 6700 多平方米，人均 14.6 平方米。特别是 1982 年分田到户后农民的收入大幅提高，住房数量增多，质量不断提高。20 世纪 50—60 年代建房，多过于集中，光线不好，房屋大多漏雨沤烂，80 年代建房贪宽图多，用木多，占地多，耗费人力物力；进入 90 年代，讲究住房宽敞、美观、适用、牢固，并提倡改木房为砖木结构房屋。1991 年，全村建成 200 多平方米的两层砖混结构教学楼以及配套的厨房厕所，大改村部面貌。进入新千年以来，一些外出打工致富人员在县城购买商品房，有的还打算建小别墅。但是在动雷村，村民们居住的房屋在 90 年代后却没有多少明显变化，就整体看，老旧破损的越来越多，这和大量青壮年外出打工造成的农村空心化有直接关系。

村境农户建房，80%以上建于山腰山脚，不到 20%的农户才建于平地。这些纯木结构楼房，统称“吊脚楼”。通常两层，少数一层或三层。一般为四排三间，也有少量五排四间、六排五间的。每间宽 3—4 米不等。建在中间的为正屋，两边的为仓楼或偏厦。正屋第一层，正中一间为堂屋，设有祭祀祖先的神龛，上贴家神牌“天地君亲师位”；两边称茶堂屋，为厨房、餐厅、贮藏室或卧室，是一家人生火做饭冬天烤火和接待客人、休息之所。第二层为卧室和粮仓。仓楼下层安放石臼（现为打米机、粉碎机）和生产工具、圈养牲畜、家禽，堆放杂草柴物。楼上边上设走廊围以栏杆。楼道宽敞明亮，光线充足，为一家人休息、夏天乘凉和妇女做手工之所。廊道以内为卧室或粮仓。有建三层的，顶层称顶楼，用以堆放杂物。这些房子全靠卯榫嵌合，枋连柱、柱连梁，环环相扣，结构紧凑、牢固壮观。

建房用料。20 世纪 80 年代前，为节省杉木（杉木生长周期一般为 40 年，松木一般 20 年，且价廉），建民房一般柱子用杉木，枋片和壁板用松木，只少数户全用杉木。一般四排三间两层。房屋架子需用料 4—5 立方米，装满板壁需 10—12 立方米，合计 15—20 立方米。一个有正屋、两边仓楼的宅院需用木材 30—60 立方米。

现在很多农户下层砌水泥地板嵌瓷砖，靠窗一面装上大幅铝合金玻璃窗，每幢房屋可减少用木 1/3 以上。而建庵堂、寺庙用料特别讲究，全部用上等杂木（樟木、梓木、椆木）作柱子枋片，其他用料都用大径油杉，这样耗料更多。（本村新中国成立后无新建庵堂庙宇）

2010 年，全村有民房 336. 5 栋，1030. 5 间，等于用木材 5100 余方，折活立木 6000 多立方米。

图 2-1　动雷村常见的木屋

提供食物来源是居民们受惠于山林的又一重大之处。动雷人的主食是稻米，这是在山区较平缓的小块土地上耕种的产物。虽然每一块田场面积很小，但积少成多，1992 年，村子里的耕地加起来有 1713 亩之多，占全村总面积 11. 44%。这些稻田和旱地，在食物方面基本满足了动雷人的基本生存需要。在维持生存方面，动雷人主要得力于大山母亲，而无须仰仗外界。

值得注意的是动雷山区的其他特色产品，如油茶、香菇、杨梅、沙田柚、柑橘，还有山区才能生长的珍贵药材，如天麻、土三

图 2-2　村民准备添盖新屋，主要建材是木料

图 2-3　木头是山区农民房屋最主要的建筑材料

七、山木通、绞股蓝。近年来，更开始推广闻名遐迩的“青钱柳”

图 2-4　房屋的墙面全由木板构成

的规模化种植。这些特色产品，既可以满足村民食用，又在提高经济收入方面发挥了重要作用。

除田地提供食物外，大山母亲还以终年不断的清澈泉水，满足村民的生命之需。一般年景下，山泉长流不息，由于目前动雷村没有引入工业，也没有大量游客，自然生态受直接污染破坏程度很小，动雷人还能够幸运地直接饮用山泉。而整个山村的生命活动，从动物、植物到庄稼，在山泉的滋养下也得以生生不息。

山区取之不尽的草木资源，更为村民们饲养牛、羊和猪、鸭、鸡等家畜家禽提供了丰富的青饲料来源。除猪外，农民们的家禽家畜大多在山上散养，不需要多少成本。食草动物最终又会转化为肉食供人所需。

在调查中我们深深感到，与我国西北地区干旱少雨、草木稀疏，许多山区甚至寸草不生的恶劣环境相比，绥宁、党坪乡和动雷村的优越自然环境，对农民的生存保障和经济发展的支撑作用，真是不可同日而语。这更提醒了人们珍爱大自然，保护大自然的无比重要。我们由衷希望动雷这样的自然生态环境能够保持下去，并能够在更多地区出现。

二　用与行

农民的家具、农具、工具除少量部分是铁器外，多为各类树种、材质的木料。

1. 家具

厅堂摆设的：四方桌、大圆桌、靠椅、凳子、木茶几、木沙发等。

厨房摆设的：桌子、橱柜、凳子、砧板、刀架等。

卧室摆设的：床、床头柜、衣橱、写字桌、椅子、木箱、烘桶（现在用电烘桶）、木沙发、电视柜等。

书房摆设的：书架、写字台、靠椅、文件柜等。

室内家具等的：货架、货柜、橱窗等。

仅以桌子分类，就有大圆桌、小圆桌、大四方桌、小四方桌、写字桌、圆角桌、长方桌、长条桌之类。以柜子分类，就有电视柜、五屉柜、三门柜、壁柜、床头柜等。

这些家具用料讲究，至少是全杉料，而且用坚固耐用的油杉。很多都要用上等杂木（梓、樟、椆、榉）。尽管现代有些家具用玻璃、塑料、铝合金替代，但绝大部分仍以木料为主。

2. 农具

2000年以前，打谷机、粉桶、水车、油榨、板车、晒蓆等基本是木（竹）料，20世纪80年代前碾米的水轮和碾架也全是木料。

3. 工具

锄头、柴刀、镰刀、菜刀、梭镖等铁器都要硬杂木（油茶树、椆树、栗树）安入木把才能使用，特别是锄头。

梭镖需要的木把很长（一般1.2—1.6米），一般3—5年一换，有的因故损坏一年几换。扁担、箩箕是常用工具，一年一换。

4. 其他用具

建筑用的支架、模板、安全踏板、门窗框、木条等，生活用的洗澡盆、面盆、蒸饭用的木甑、蒸酒用的酒甑、喂养牲畜的食盆、水槽等，造纸的各种木、竹原料。

在山区交通建设上，木材更发挥了重大作用。

20 世纪 80 年代前，人过溪涧架桥除少数用石板外，大部分都用木材架成。就连跨度 4—8 米的桥也都选大径材作梁铺上木块或厚木板，人行和车行很不安全。而且全村每年架桥用木一般 5—10 立方米。直到 80 年代后，逐渐改用石拱桥取代木桥。现在全村仅保留村部附近的聚星桥为清末民初复建的风雨桥。该桥五排四间，宽 5.5 米，高 5.2 米，长 12 米。两边有桥凳可供行人休闲。动雷村地广人稀，居住分散，20 世纪 70 年代仅一条简易土石公路从乡政府通到村部。为了改变交通落后面貌，从 20 世纪 80 年代起，全村掀起了大修公路和机耕路、砌石拱桥的高潮，由于线路长，弯度和坡度大，人烟稀而造价高，为了解决资金困难，就采用卖山林的办法筹措资金。特别是 2007 年修的党坪经苏家至动雷、党坪至乌塘、党坪至龙塘的水泥路，除国家补助部分外，自筹资金大部或部分靠卖山林筹集。老百姓说，这些路与其说是用金钱建成的，倒不如说是用山林建成的。

第二节　信仰、习俗与山林

村境的人们世世代代依山而居，因此民族信仰、风俗习惯都围绕山林而自然形成。有的随时代变迁湮灭，有的则流传到如今。

一　民族信仰

1. 自然崇拜

天崇拜——认为天是至高无上的，能主宰世间一切，所以人们敬畏天、崇拜天。家家户户的堂屋正面都有祭坛，安有家神牌位，把天排在地、国、亲、师之首。举行重大祭祀活动先祭天；久旱不雨要祭天，祈求天降甘霖；举行婚礼要先祭天，称作“天作之合”。如遇不幸，则认为是得罪了天而受到惩罚，要祈求老天爷宽恕；人们发生争执，为表示自身的尊严，要对天起誓，让对方信服、消除误解。

地崇拜——在堂屋祭坛，“地”排在仅次于“天”的地位。祭坛下部，则设“长生土地瑞庆夫人兴隆土地旺相夫人”神位，颂扬“土能生万物地可产黄金”，可以“人杰地灵”、“金玉满堂”。他们生有两个儿子，一个叫“招财童子”，一个叫“进宝郎君”。在院内院外还建有各种土地庙，分别祭“门宝通灵土地”、“鸡栏土地”、“牛栏土地”、“猪栏土地”、“桥头土地”、“坳上土地”、“田间土地”、“四山土地等”。认为土地神是“祯祥主”、“福德主”、“有求必应”、可“保一方清泰、佑四季平安”。无论大小传统节日、婚丧、生育、春耕、秋收、大型土木工程都要祭土地神。土王日忌动土、挑粪下田进园。

太阳崇拜——认为太阳是生灵之母，光明之源，设“太阳会”活动，隆重公祭太阳神。在日常生活中对太阳有很多禁忌，如忌以手指太阳，忌面对太阳大小便，忌未满月婴孩的尿片和产妇的衣服在太阳下晒。遇到日食，认为是天上恶魔同太阳相斗，家家户户到屋外敲打铜铁器皿或簸箕、筛子呐喊，以驱魔救日。

月崇拜——将月亮视为人间爱神。认为农历八月十五是月亮生日，家家户户设香案摆月饼、生姜、荤素祭品祭祀月亮神。设“中秋会”活动另择佳期举行公祭月亮神。遇到月食，以为“天狗吃月亮”，家家户户都到屋外敲打铜铁器皿，以驱天狗救月亮。

水崇拜——春节和立春第一次挑水，要烧香化纸敬水神。农历六月初六，要挂纸钱清洗井凼。打龙灯经过井凼和溪涧，要在井凼边和溪涧边烧香点蜡烛，对水神表示敬意。

火崇拜——大年除夕日，家家户户要举行简单的祭火神仪式，在火塘边烧纸焚香后再烧火做饭。在六月二十三日火神生日里，聚族老幼挑担祭品到火神庙敬神。姑娘出嫁，娘家要提一个火桶，带着炭火送到亲家。人死后，尸体脚边要点香油灯，日夜不熄，直到出殡。死者生前用品要留用的，须从火上抛过才能使用。房屋发生火灾，要请师公送火神，以保今后永无火灾发生。

龙崇拜——认为龙是吉祥的象征，龙王是人间权威最大的神，要建龙王庙、龙王坛四时供奉。重大喜庆活动，舞龙灯隆重庆祝。哪家生了男孩，恭维说“生了龙子”。建房葬坟，请风水先生测龙脉、选佳址。春节舞龙灯，举行祭龙活动和安龙神仪式，祈求风调雨顺、四季平安、五谷丰登、六畜兴旺。发生久旱，人们就敬龙求雨，发生病虫害，抬龙灯驱虫保丰收。

狗崇拜——传说远古时期，苗家没有稻谷，是神犬历经千山万水，从番国偷来了稻种，苗家才有了稻谷作为主粮，因此人们对狗非常感激，人们从不杀狗，不吃狗肉，狗死后入土为安。人们给小孩取乳名常带“狗”字，给小孩打三朝庆周岁，缝制狗头帽相送。吃饭时，必须舀第一碗饭喂狗，每年打谷尝新的第二碗饭必须喂狗(第一碗饭敬天地祖宗)。猎人分配兽肉时，猎狗也占一份。无主之狗来到家里，称“狗来富”，主人视为吉祥给予优待。

牛崇拜——牛是农家宝。人们把四月八日定为牛生日，俗话说，“四月八、牛歇轭”，耕牛不仅免役，而且烧香焚纸喂给糍粑、米酒，主人则吃糯饭，以示人牛同庆。逢牛生小牛，母牛在月子里由主人经常喂鸡蛋、米酒和鲜嫩青草，以补身增乳汁。每年尝新节，主人需从田里割六或八蔸已熟的禾谷给耕牛先尝。

古树崇拜——经历千百年的古树称为“树神”，“封禁树”，严禁砍伐，逢年过节平时有求均要烧香献祭。生了小孩，在古树上寄名，认古树为亲爷（干爹）。平时遇病遭伤，须到古树上祭拜，祈求保佑长命富贵、易养成人，凶煞退位、吉星照临。大年除夕，要给古树烧香敬拜。苗族最崇拜古枫树，认为枫树是其祖先蚩尤的化身。传说蚩尤被黄帝打败阵亡后，血洒大地，化成参天枫树，每到秋天，鲜红如血的枫树叶子随风落满大地。为纪念枫树，村境内保留了很多以“枫”字开头的地名：枫木冲、枫木湾、枫木坳、枫木岭、枫木界等几十处。

2. 祖先崇拜

人类祖先崇拜——远古传说天地是“盘古”开的，人们婚丧仪式歌开头总唱：“自从盘古开天地、三皇五帝到如今”之句。又把“盘古”的下代号称“东山老人”和“南山小妹”，创立神牌，供奉在苗家的神龛上，逢年过节祭祀。

民族祖先崇拜——以犬为图腾的苗族和瑶族，认为神犬（即槃瓠）是他们的祖先。传说远古时代神犬帮助高辛氏平息了外患，从而娶得三公主成婚，神犬不愿当官，携妻来到梅山，以打猎为生。所生三子：上峒梅山胡大王天保上山打猎，中峒梅山赵大王天华掮棚看鸭、下峒梅山李大王天荣打渔捞虾。因此，苗、瑶民在打猎上山之前和打猎下山时都要焚香烧纸吹胡哨，念念有词做手势，非常恭敬。

血缘祖先崇拜——每个姓氏都有一位备受崇拜的祖先。如村境内人口最多的陈姓苗民，近敬最先迁来村境的始祖陈仁芳，中敬最先迁来绥宁的陈昌亨，远敬最先从江西迁入湖南在新化县的陈伯万。杨姓苗民，近敬最先迁入党坪的杨晟朝，中敬最先迁入绥宁的杨正绾，远敬最先迁入湖南的杨再思。

家庭祖先崇拜——堂屋神龛中一边写有“某氏先祖”，有的挂有已故老人的遗像。逢年过节，焚香祭祖。家人考学校、参军、办企业、出远门，或生病，或遭遇不测，都要祭祖先以求保佑。白天吃饭或摆酒席时，另摆酒杯碗筷，请祖先与全家共餐。

3. 鬼神崇拜

旧时，人们误认为人死后还有灵魂再现。灵魂及鬼魂无处不在，但有善恶之别。人们为了消灾避难，对所有的鬼神都要祭祀。

善鬼——善鬼即专门做善事保佑人的神灵，如祖宗、梅山神、门神、土地神、古树神、观音菩萨、赵公元帅等。人们对他们十分崇拜，供奉虔诚。

恶鬼——恶鬼指专门害人或致人生病受伤、致人遭祸退财甚至致人无故死亡的妖魔鬼怪。相传有吊死鬼、饿死鬼、淹死鬼、火烧鬼、剁头鬼等几十种，青面獠牙、手长腿短。人们用各种各样的迷信手段来驱魔灭邪，以求得吉星高照、四季平安、财源涌进。

二 民族习俗

村境各民族长期处于大杂居小聚居状态，边缘与邻村田、土、山连成一块，错落其间，生产相互交往，生活相互关照，文化相互影响，既形成许多共有风俗，也保留了各民族的一些独特习俗。

1. 生产习俗

农业——整理秧田。时值春寒，为补体驱寒，当天早中晚餐，下田者要吃大片猪肉、喝滚烫米酒。播种、浸种育秧，旧时不让妇女参加，俗称“妇女不下田，男人不进园”。播种时，在田垄上插三根香，烧一叠纸钱，以敬田神土地护种保苗，在秧田中竖一草人，驱吓鸟雀和鸡鸭。插秧，又叫插田。“开秧门”首次扯秧要焚香烧纸，祭祀田间土地，祈求上天保佑丰收。插秧时由一位里手（即能手）领头，掌握株、行距规格。20 世纪 70 年代推广划行器，只按划行的规格插秧，功效提高一倍。插秧中不得互相递接秧苗，以防做“秧手”引起手痛。每年六月初六，在田垄上挂一叠纸钱，敬“田神五谷菩萨”。收获、收割时，每坵田留一兜禾不割，意为给老鼠吃，以免老鼠进屋。打禾时，先割倒禾晒 1—2 天后收获，使谷子堆在屋里不致霉坏变质。庆丰收。粮食收完后，公众筹款在庵庙里请道士打喜醮，以示喜庆，并保来年丰收。

林业——开山。进山砍第一株树时，其他人不许说话，由一位长者（老能手）边砍边念咒语，直到把树砍倒后，众人才可分头砍树。砍树时先清蔸（即把周围杂草茅柴砍光），脱裤脚皮（将离地

4—5 尺高的树皮拨开刮净），然后砍树、剥皮、打枝，只留树尾不剥不刮，使树木迅速干燥。砍树要注意倒的方向，不要扬瓜（即倒在另一株未砍的树上），不要砍倒插花（即不要将树尾笔直朝下）。扛木，由一名力大又懂规矩的人担任起拨师（起肩）。上山后，逐人抽签或抓阄排扛木前后顺序，由放拨师先扛，然后按顺序一个一个接着扛，到终点或接拨后返回再扛。休息时，由起拨师在木的一头插一片草叶，示意扛完这一根就休息。吃饭时在木的一头插一片树叶，树叶中插两只小棍表示。收工时在木的一头用草叶或树枝扎一小圆圈表示。新参加扛木的人往往安排在离放拨师后几位的顺序，上午和下午休息后由他扛木先行，称作“敲梆师”。木山禁忌。不准讲“死”、“亡”、“鬼”、“烂”等不吉利的字，斧头叫“开山子”，扛木肩棍叫“抓子棍”，茶水叫“木叶水”，吃饭叫“做好事”，收工叫“合宝”，扛一肩叫“拿一肩”等。洗木。趁涨大水之前将木头推入溪河中由水流冲走谓之洗木或叫“赶羊”，洗木者每人手持一根 3 米以上楠抓钩，将边上木头推入溪河中间使之快流。遇到河坝或岩石关口时，较大的木头需众人帮助拉，由一人喊号子，众人齐用力拉动木头。如水退不能再洗时，把木头拦到较宽的溪河边上码堆，叫“起坡”。放排。把木头洗到或扛到大河边时，再用竹揽或藤条将木头扎成木排，顺流放至界溪口木材采育站围码塘内。20 世纪 80 年代后，改用拖拉机或货车装运，再也不用肩扛、手拉了。

畜牧——清代民国时期，农民饲养牲畜也有禁忌，建猪牛栏要选址定向。防猪牛生病，用手指蘸石灰水印于猪牛栏板壁上，并用纸条写“姜太公在此”贴于门上，以示震慑瘟神。别人送来的生鸡，将鸡头安入鸡翅内，然后抱着鸡绕地三圈后再放入鸡舍，以免鸡走失。

狩猎——旧时，村境内山高林密野兽成群，对人的安全和农业生产带来严重威胁。为此，打猎成了人们的一项重要活动。境内猎手，俗称为“打虎匠”、“套匠”，在长期的打猎活动中形成了一套山规：敬梅山神。猎手把“梅山三兄弟”奉为猎神，每年举行“开山门”祭，主祭梅山。堂屋主边设梅山坛位，经常装香点灯，每月初一、十五，祭以茶、酒、肉。无论出门或回家，都要各吹3声用小竹筒做成的筒哨。打猎临行前，先请梅山神相助，占十三卦，如果全是阳卦，表示诸神到齐。进山时，除敬梅山外，还敬山神土地，吹筒哨三声表示借土地菩萨一方宝地。猎获野兽后，也打筒哨三声，还要用猎物的头和内脏祭梅山，感谢暗中相助。搜山守卡。猎人首领分配几人带猎犬搜山，循野兽踪迹而吆喝追寻，根据“羊走山峰猪走坳”的规律，分别派其他猎手选定必经关卡装套（指用许多棕绳织成的网），用杂草树枝伪装挂在野兽出没的要道口，猎人持猎枪一旁隐蔽伏击。猎物分配。兽头分给第一个打中野兽的猎手，补枪的猎手可多分一份兽肉，其他猎手平均分配。猎犬也要分一份（给犬主）。野兽内脏共同煮食，称吃“兽血汤”，见者有份，还要抢着吃，谓之越吃越有。

2. 生活习俗

饮食——主副食。主食以大米为主，辅以杂粮、瓜菜。每日三餐，早晚多为米饭，中午随季节不同而品种多样：春季吃糍粑拌菜（有的拌甜酒）；夏季吃麦、粟糍粑；秋冬两季多以红薯、芋头蒸吃或煮吃代主食。辣椒是当家菜，家家户户四季辣椒不断，冬春有干辣椒，辣子粉、酸辣子，夏秋有辣子内装糯米粉的灌辣子，以及剁辣子、酱辣子、丫口辣子等。苗家喜食腌菜，用陶瓷坛子腌制，有腌肉、腌鱼、腌蛋、腌辣椒、腌萝卜、腌豆角、水盐菜等。喜欢熏制腊肉、干鱼、干笋和晒制大瓜皮、黄瓜皮、丝瓜皮等油炸菜。喝茶。主要以万花茶（又称蜜饯）和油茶为主，糖茶、姜茶次之。“万花菜”制法是：将冬瓜切成两头尖的条，一般长2—3寸，或嫩柚子皮切成条，在这些条皮上精雕细刻出各种花鸟图形，再把这些条块经石灰水浸过后拌上白砂糖（或蜂蜜）晒干至白，装进糖罐或坛子里备用。泡茶时，先在杯里放几条冬瓜或柚子干，再拌入糖炒黄豆或干柿子，然后冲泡开水或茶水即成。“油茶”制法是：先把薏米、花生、黄豆、玉米、糍粑（切成小块），用油炸脆分放碗内，冲以滚开的茶水，再加少量食盐、辣椒粉、葱等佐料拌合即成。饮酒。大多家庭饮自煮的米酒、谷酒、甜酒。经新化移民传授，又制老酒（亦称壮酒）品尝。吸烟：中老年一般吸旱烟（自种的烟叶），有的用烟筒，有的用纸卷喇叭筒抽。1960 年以来，大多数人改抽纸烟（即香烟），而且越来越高档，平常抽 5—20 元一包的，逢贵宾来要发 25—40 元一包的。

服饰——旧时衣着多以棉布缝制，称家织布，或以蓝靛染青，或用栀子核染黄。只有殷实人家才穿士林布、府绸、丝绸等。士绅戴礼帽，穿布鞋、钉鞋、皮鞋或木屐。农民冬戴棉纱帽或腰围巾，常年赤脚或穿草鞋，只到晚上或雪天才穿布鞋。斗笠既可遮阳又可遮雨，贫者常用，富者打布伞。妇女善刺绣，鞋面、鞋垫、袜子底、围襟常绣各种花鸟图案，朴实美观。新中国成立后，旧式服饰日渐减少。“文化大革命”期间，男女青壮年盛行穿中山装、解放装、干部服，色彩多为蓝、青、黄、灰，面料为的确良、的确卡。改革开放以来，服饰质量不断提高，花色款式多样，穿西装、佩领带习以为常，戴耳环、戒指和项链者日益增多。

居住——参见“住”的章节。

3. 礼仪习俗

婚嫁习俗——村内男女婚嫁，一般要经过求婚、订婚、结婚过门和回门等程序。旧时，苗族青年男女有对歌恋爱或由父母“看亲”、“访亲”等形式。如今，男女青年利用工作、学习、劳动、赶场或其他集体活动机会，加深了解，建立感情。双方满意后，请个介绍人，告知父母，即可订婚。女方家里同意后，为了一定终身，不致“反口”，男方须择吉日送礼，称“订婚礼”。结婚过门。这是婚嫁中最隆重的程序。旧时不办结婚手续，而是男方用花轿把新娘接到婆家，拜堂以后才算正式结婚。即使在新社会，男女双方到政府办了结婚手续后，仍要男方用花轿、以后用小车将新娘接来拜堂成亲。也有的结婚后女方直接就跟男方进了屋度日。凡是用花轿接新娘的，女方家里要备办几抬至几十抬嫁妆，一般有桌子、椅子、三门衣柜、五屉柜、箱子、烘桶、碗柜等纯木制家具、被子、蚊帐等，后来随着生活水平的提高，嫁妆档次越来越高，现在时兴送摩托车、电视机、电风扇、洗衣机、高档沙发、写字台、电脑等。回门。婚后九日，女方（即娘家）来人接女儿回家，称“九朝回门”，也有满月回门。在娘家住两天或四天，再由新郎接回，回男家后转入正常生活。

生育习俗——新生子女，特别是头胎，女婿必须携带礼物当日去岳家报喜。打三朝，小孩出生三天后，家族、亲戚朋友都要带礼品登门贺喜。民间有男不打三朝的习惯，一般都是女的打三朝、喝喜酒。满月酒。小孩满月要办满月酒，以答谢前来贺喜的家族亲友。庆周岁，婴儿满一周岁，家族亲友带衣服、布料、鞋帽、玩具和礼钱前来庆贺，主家则置办盛宴答谢。

庆寿习俗——“寿辰”即生日。增岁逢五为“小生”，满十为“大生”。大生有男逢九女逢十做寿之别。59 岁以下不能称做寿，叫“做生”，到 59 岁快满花甲才能称“做寿”。家有高龄老人，儿女满 60 岁也不能做大寿。逢 60 岁以上旬寿，亲朋往往带匾屏、礼品、喜炮，登门祝贺，行拜寿礼。主家备办盛宴，以示谢意。庆寿喝酒时间很长，谓曰“吃得久坐的岁数久”、“吃得多坐的岁数多”。

建房习俗——修建新屋，先请风水先生卜择风水好的地基。立新屋要选定吉日：“下墨”、“竖架上梁”、安家先“和”上大门。下墨，木匠师傅把主柱（指堂屋左边正柱）木料平放刨平，由户主牵着墨线一头，木匠师傅牵另一头，右手提起墨线，倾听四周声音，一有响动，立即下墨朝中间打一直线。竖架上梁。木匠师傅指挥帮工人员，将放在地上屋架一排排竖正，嵌入枋片。竖好屋架后，将梁木升到堂屋正中两根柱子顶头夹紧。梁木安好后，户主用箩筐装上酒、肉、红糍粑和钱币送上梁木两头，木工和梁上帮工喝完酒后，边诵祝词，边将红糍粑、钱币往东南西北四个方向抛向围观群众，众人抢捡，显示兴旺发达。上大门、安家先。大门即堂屋正中的两扇门。须择日嵌上门。安家先指堂屋正中一面壁正中做好木板，上贴“天地君亲师”神牌，杀鸡蘸鸡血洒揩大门或家先神龛上以示祖先正式登位做主。

丧葬习俗——村内兴土葬。正常死亡者，亲人要举行守终、入殓、守灵开路、祭奠等仪式后才抬上山安葬。守终，老人在弥留之际，子女都要在身边恭守，表示孝道。临终时，儿女都要在死者前面跪拜、烧化纸钱，俗称烧“落气纸”。入殓分针。择定吉时，亲属将死者放入棺材，棺材是用上等杉料做成，一般要耗材一个多立方米。死者口中含少许银子或银器，身上盖几床寿被，适量放入死者生前喜爱之物，意为在阴间使用。守灵开路。一般停柩2—3天，少数有停5—7天的。家属亲友轮流守灵，早晚点灯、唱葬歌、请道师为亡灵开路，一天一晚为“开路”，二天二晚为“开大路”，三天三晚为做“道场”。孝男孝女均披麻戴孝。上山安葬。请帮工（俗称“抬丧佬”）抬棺材，孝男孝女在前面拜路，乐师敲锣打鼓吹唢呐送到风水先生择定的坟场落井，掩土成坟。祭奠。安葬后三天，孝家去把老人灵魂接回堂屋灵坛，朝夕烧香供奉。三年满除灵，意即全归阴间。新中国成立后，提倡丧事简办，20世纪60年代末和70年代，曾以开追悼会取代旧的守终送葬习俗，80年代直至现在又恢复旧习，且规模越来越大。

岁时习俗——元宵节，农历正月十五日，又称“过小年”和“上元节”。家家户户吃元宵酒饭，耍龙灯的也在这晚午夜结束，叫“圆灯”。清明节：通称“挂青”，是纪念祖先的一种传统活动，一般连续几天。为祖坟扫墓刻石立碑，儿孙们到坟前以酒肉、糍粑祭祀，在坟顶上挂红、绿、白纸幡，烧香放炮、跪拜叩头。房族聚众挂青时还吃挂青酒。上巳：农历三月初三为上巳。这天家家户户以荠菜（又称乌子菜）煮鸡蛋吃，认为可除瘟疫。六月六：这天要清洗井凼，打扫水沟、翻晒族谱和家谱、敬奉祖宗，以图消灾祛病、四时健康。中元：农历七月十五为中元节，又称“鬼节”。民间从七月十三日起（有的从初十日），把家里环境卫生打扫干净，在堂屋摆上供品，接回祖宗亡灵到家中敬奉。到十四日晚有的到十五日晚，全家老小挑着篮子（内装酒肉、新鲜蔬菜、封包等），来到村口或宅院旁，烧化封包，送亡灵归阴。下元节：农历十月十五为下元节。这天家家户户备办酒肉、糍粑、香和焚纸，来到田垄边祭祀，意为本年获得丰收，感恩戴德，祈求来年风调雨顺五谷丰登。腊八节：农历十二月逢八为腊八节。一般在二腊八（十八）打扫房屋内外，杀猪煮酒打糍粑，准备年事。

节日习俗——春节。头年除夕，家家户户贴对联、挂彩灯。晚上吃年庚饭，少者要给长辈敬酒，老者要向少者发压岁钱。凌晨后放开门炮，有按四季放的（4 炮），按“发”放的（8 炮），按 12 个月放的（12 炮）。早饭后，聚族老幼在堂屋按辈分从大到小进行拜年。初二日才可到亲友家拜年，一直到十五日。如要龙灯，可初二进灯厂扎龙灯，直玩到十五日。四月八。俗称“黑饭节”、“姑娘节”，是村境杨姓苗族的传统节日。传说杨文广在柳州战败被俘关入牢中，其妹杨金花经常到牢里送饭，均被狱卒吃了。后来杨金花想了办法，她到山上尝尽百草百木，尝到一种黑饭树的叶子（又叫老茶叶）可以吃，她找来许多这种叶子捣烂成汁，将汁掺入米中煮成饭，饭香但颜色墨黑，送到牢里狱卒再也不敢吃了。杨文广吃了这黑饭后力大无比，立即打破牢门冲了出去，和妹妹杨金花一同杀出柳州，重整旗鼓，打败敌人。后人为纪念杨金花，就将这天定为“黑饭节”或“姑娘节”。20 世纪 90 年代，绥宁县委、县政府将四月八姑娘节作为“非遗”节日上报省和中央，获批后变成全县少数民族和汉族共庆的节日。每年四月八日，县里都要举办大型活动，届时中央有关部委、省市领导和艺术家、游客齐涌绥宁举办地，观看民间传统文化体育节目，开展联欢活动，影响很大。黑饭节期间食用的“黑饭”、“黑糍粑”成了旅游产品，深受游客青睐。端午节。日期不一，大部分过五月初五，村内陈姓和于姓则过十三、十四和十五，称“大端午”。节日这天，家家户户吃粽子、煮盐鸭蛋、饮雄黄酒，门悬菖蒲、艾叶。邀请亲朋好友，开怀畅饮。中秋节。农历八月十五为中秋节（参看“月崇拜”），是夜月圆如镜，又称“团圆节”。家家户户买月饼、做糍粑、切生姜。晚上，在露天地上摆香案、敬月亮神，然后合家围坐吃月饼、糍粑赏月，寓意合家团圆、和睦幸福。新中国成立后，人民政府尊重当地群众特别是少数民族的风俗习惯，保留了大部分传统节日，但有些传统节日逐步注入新的内容，如春节，给烈军属拜年，清明节为烈士扫墓等。同时，现代节令习俗兴起，一年一度庆祝元旦（1月1日）、妇女节（3月8日）、青年节（5月4日）、儿童节（6月1日）、建党节（7月1日）、建军节（8月1日）、教师节（9月10日）、国庆节（10月1日）、老年节（农历九月初九）等。节日期间均开展各种有意义的纪念活动。

游艺习俗——民间歌舞。唱歌：到山上唱山歌、起屋唱上梁歌、在特定场合还要唱哭嫁歌、洞房歌、龙灯歌、酒歌、葬歌、佛歌等。吹木叶：在劳动休息或男女幽会时，摘片质韧的嫩树叶，用手抵在嘴唇上，运气吹成各种曲调，清脆悦耳、悠扬婉转。舞龙灯：俗称“要龙灯”。龙灯有吊龙灯、滚龙灯、布龙灯、草龙灯等，以吊龙灯为主，由龙头、龙身、龙尾组成，均用竹篾丝扎成骨架，外糊连生纸（古代专门用来糊灯用的又薄又韧又透光的纸），贴上龙鳞和花纹，每筒点蜡烛两只，筒与筒之间用花圈连接，每六筒为一提，上用小竹竿牵上花筒，再配一个握把。一根吊灯少则五提，多则九提、十多提，古时有打过四十提的。舞的时候在平路上是一上一下舞动，到集中地则龙头龙宝高昂正中，龙身围绕龙头盘旋成层层圆圈，叫盘龙，远看像一座宝塔。舞狮子：用纸或木壳或全金属薄皮扎成狮头，用布粘上麻星丝做狮身，由两人戴上在集中地翻舞各种动作。蚌壳舞：用纸扎成蚌壳图样，由一人双手挟持做一开一合动作。逗春牛：牛头牛身用竹片和牛皮纸扎成，牛身用黑布或灰布缝制，一人或二人钻在牛身中弯腰行走，另一人扮农户，头戴烂斗笠，手执犁杖跟在后头。拍铜钱：是苗民为庆贺新喜、祈盼子孙发达、年年进财、岁岁丰收的表演活动。一对女子各持一根竹竿，竹子两头夹入8—12枚铜钱。在互相拍打声中边唱边舞。打闹年锣：春节前后，流行“闹年锣”。有小锣和大锣之分，小锣由一面斑锣、二副钹子、一个小鼓和小锣按句式击打。大锣由若干面大锣、一个斑锣、两副钹子和一个小鼓也按专有句式击打，气势恢宏。旧时从头年十二月十五打到第二年正月十五日止。村团之间有时举行打锣比赛和民间体育活动。每逢喜庆节日，群众（特别是青少年）喜欢开展抢燕、踢毽子、荡秋千、打陀螺、跳绳、滚铁圈等活动。青壮年还举行拔河、挑重比力气、背媳妇赛跑等活动。民间棋艺：民间下棋，棋盘可画在木板、石板或地面上，用小石子或树枝做棋子，取材方便老幼皆宜，尤其适合田头、地头和山上劳动之余娱乐。棋的种类有：牛角棋、裤裆棋、三山棋、五子飞、五行棋、豆腐棋、猪娘棋等，弈法各不相同。

第三节　山林文化一瞥

动雷人祖祖辈辈生活在山林之中，生活、生产与山林连为一个整体，同时也形成了丰富的山林文化。诗歌、春联和谚语，是山林文化的鲜明代表，体现出浓郁的山林情趣。

一　诗歌

举例如下：

图 2–5　苗族舞蹈竹竿舞

采杉种

陈龙龙

山雀叫，彩霞笑；
束束红花林中耀。
林区姑娘采杉种，
如燕轻飞，
登峻岭，攀枝梢，
颗颗杉果赛红桃。
“绿化祖国”姐妹心欢笑，
放眼四海姑娘志向高。
满篓杉种，满篓金，
林区春色心头描。
采种姑娘云中走，
飞燕呢喃报春早。
脚踏白云向远眺，
姑娘采种情更高。
红色树种传四海，
祖国大地涌春潮。

雨后山林

梁海源

秋天来了，山林涂上一片苍黄。树叶经轻风一吹就悄无声息地飘落，飘落了一个翠绿色的梦。

一场骤雨，洗去了山林身上的忧思，又变得清新，生意盎然。远看，山山岭岭青黄相间；近观，树木葱茏枝干挺拔。白雾缭绕，如丝如缕那样多情，那样痴迷。山、树、雾融合在一起，像一幅水墨画。

消失的梦一瞬间似乎回来了，秋雨和春雨滋润着一个美丽的童话……

舞龙灯

龙腾飞

舞龙灯的行列农民的队伍，
扛着夕阳赶走黑夜浩浩荡荡；
化作春天的雷声震碎冬寒，
枯萎的枝干淀发了新芽淀发了希望。

紧锁的春风再不听天由命，
任夕阳抛弃在冷漠的山间；
压抑欢愉的石头悄悄挪位，
沉寂的生活已被鞭炮声震醒。
农村像一条腾飞的巨龙，
春风是它吐出的气息；
太阳是它灼亮的眼睛，
孕育着金秋孕育着向往……

草鞋

周源

父亲是农民的儿子

父亲很穷

穷得只能穿一双

自己用糯米稻草

编织的草鞋

父亲说穿草鞋很舒服

没有顾虑地可以在地上摩擦

尖刀峭石也刺不进脚心

父亲一直就穿着这双草鞋

穿了一年又一年

他用这双草鞋

踩出了属于自己的天地

乡土诗

周志桐

不是每个人都懂

写起来

就更难如人意

有时写得很苦很艰辛

有时写得快乐又自在

不必在意别人怎么看你

你只管倾听自己的喜怒哀乐

不要只为幸福和甜蜜

也不要担心痛苦和泪水

太多的幸福就感觉不到甜蜜

太多的泪水就不是痛苦

这是泥土里长出的诗
因此总是很新鲜很实在

注：以上四首录自《绥宁文学》1988—1991 年本。

车过绥宁（诗三首）

白羽

溪涧凝烟媚蒹葭，峦岫含雨醉云霞。
何来装点佳山水，南楚草木东吴花。

丽日阴霾总重来，丘壑苍苍曙色开。
近茵远黛多情客，可堪双鬓随境衰。

兀然孤峭塔无影，清哉澄澈水有声。
芭蕉桑拓绕村去，人语炊烟背日升。

咏绥宁（诗三首）

龙宪蔚

治肇徽莳流泽长，风云千载历沧桑。
伏坡东汉曾边戍，诸葛南平巧设防。
改土虽然从熙雍，归流照田属苗疆。
三山推倒开新局，各族如葵向太阳。

莳始徽废宋元丰，百里林涛万仞峰。
靖会洪黔环西北，通城武洞绕南东。
民居资水沅江上，邑在青山翠谷中。
飞凤昔时难展翅，绿洲今更郁葱葱。

地覆天翻六十年，山城历史写新篇。
群峰莽莽通大道，俊彦莘莘着祖鞭。
四架彩虹横碧水，入天铁塔耸山巅。
人和改变诸事便，林茂粮丰万民欢。

诗二首

陈明才

青山绿水好岗坵，环球独特一绿洲。
群峦久藏千年宝，漫江长织万里绸。
勤劳儿女三十万，甘洒热血四十秋。(注)
孙猴深叹步履慢，只缘观念太陈旧。

注：此诗写于1996年，故称“四十秋”。

县委七届五次会，平地千丈起高楼。
“九五”宏图抒群策，领导运筹有良谋。
民营科教为先导，林业强县创一流。
敢上九天揽明月，定叫绥宁冠神州！

二　春联（山林方面）

春催山河变　　协力山献宝
人创天地新　　同心土变金

田园风光美　　村环花果树
农村新气象　　社拥米粮川

绿化中华大地　　护林须知造林苦
装点祖国江山　　伐树当思栽树难

图 2-6　贴春联

治山常留春色　　祖国有山皆绿化
植树造福后人　　林区无处不春风

造福子孙后代　　绿屏碧幛遮风沙
绿化祖国江山　　林海雪原育栋梁

责任田水清苗绿　　植树造林滋沃土
林权山叶茂枝荣　　防风固沙护良田

门前绿水声声笑　　人育良材撑大道
屋后青山步步春　　山铺绿色建银行

万里江山供醉眼　　背靠青山松竹茂
四时风月助吟情　　门临绿水果鱼肥

封山育林支援建设　　青气若兰虚怀若竹
修塘筑坝保证丰收　　乐情在水静气在山

新林成荫无山不绿　　护绿培红春光不老
灌溉自流有水皆青　　防污治秽环境常新

山青水秀阳春有脚　　林海茫茫绿铺百里
年丰人寿幸福无边　　和风习习鸟唱三春

保护自然春风得意摇翠柳
平衡生态社会和谐颂蓝天

苗木葱茏总让故园常叠翠
环境清新欲教生活更风流

造林护林战胜风沙灾害
筑坝修渠开垦高产农田

翠柏苍松装点神州千岭绿
朝霞夕照染就江山万里红

树木树人同系千秋大业
爱党爱国长存一片丹心

植树造林保水土九州生机壮
栽花育果美城乡万民福泽长

金山银山花果山山山献宝
桃树李树枇杷树树树摇钱

三　关于山林的谚语（含俗语）

1. 植树

植树造林，富国利民。
家有寸材，不可当柴。

一年之计莫如种谷，十年之计莫如种树。
路是人开，树是人栽。

栽树忙一天，利益得百年。
现在人养树，来日树养人。

眼前富，多养猪；年年富，多栽树。
当年富，拾粪土；长远富，栽树木。

山上绿幽幽，泉水不断流。
挖了山皮，饿了肚皮。

圩堤多栽树，汛期挡浪头。
河边树成排，不怕洪水来。

植树把林造，抗旱又排涝；树木长成林，风调又雨顺。

山上栽满树，等于修水库；雨多它能吞，雨少它能吐。

房前屋后，栽桑种柳。

荒山荒地栽刺槐，不愁没柴烧。

正月栽竹，二月栽木。

高山松杉核桃沟，溪河两岸栽杨柳。

种柏怕春知（立春前），栽杉怕雨来（雨水前）。

松树自飞籽，杉树会萌芽。

柳树不怕淹，松树不怕干。陆上千年枫（宜干土），水中千年松（宜湿土）。

楠木是金子，樟树是银子。栽花要栽月月红，种树要种不老松。

榆要密，槐要稀。人挪活，树挪死。

种子採早一包浆，适时采收种子壮。

禾要秧好，树要苗好。

种树无时，莫教树知，多留宿土，刈除残枝。

八月桂花香又香，大树全靠根来养。苗要种好，树要根好。

木对木，皮对皮，骨对骨。(嫁接技术)

2. 竹子

栽松不松（要敲紧土），栽竹不筑（不紧）。

栽竹无时，雨过便移。

秋天抚（中耕）母竹，来春笋成林。过了七月半，老嫩随人砍。

砍老莫砍少，砍密莫砍稀。

一年青，二年紫，三年不砍四年死（紫竹）。

存三（年的），去四（年的），莫留五（年的）。

3. 油茶

油茶不刈草，一世枯到老。

若要茶，十月挖（中耕）。

七月挖金，八月挖银（中耕）。柴刀锄头动得勤（中耕），茶籽沉沉满树林（产量高）。

一年不挖（中耕）地长草，两年不挖树减产。

黑籽是油缸，黄籽如谷糠。

4. 油桐

三年桐，七年漆。

桐要稀，松要密。

开花（时）吹冷风，十窝桐子九窝空。

5. 护林

靠山吃山要养山。

光栽不护，白费功夫。

有林山泉满，无树河要干。

山上毁林开荒，山下必定遭殃。

山上树木光，山下走泥浆。

山光光，年年荒。

无灾人养树，有灾树养人。

一年烧山十年穷。

林中无火则兴，山上树多则富。

6. 环境卫生

地绿天蓝，益寿延年。

林木葱茏，人寿延年。

宁可食无肉，不可居无竹。

常晒太阳光，身体健如钢。

日光不照临，医生便上门。

强光底下无毒虫。

清爽的空气，百病的良药。

几案明净见性情。

填平积水坑，防止蚊虫生。

四害除光，长寿健康。

第四节 林业的重要经济地位和作用

本节试图从公开数据上分析林业林木对绥宁的贡献。完全可以说，整个绥宁县，从普通百姓的日常生活到全县财政收入再到国民财富，都与林业、林木息息相关，但这远不能完全反映在林业产值、财政收入等统计数据上。因为统计报表中只显示来自林业的直接收入，如农民“按规定制度”出售林木竹子的收入，以及政府征收的林业税费，等等，而对林木最主要的产出用途，如百姓的自用建房、添置家具和各种日常生活所需、烧柴乃至放牧等，均不在统计数据之内，而且也无从统计。据陈明才的亲身体验和当地村民的反映，这些在数量和价值上都是绝对超过出售的商品木材的。仅私自砍伐林木一项，可能就大大超过“合法渠道”出售的收入。至于各级政府财政以及林业产业的收入，至多是公开的账目上的、可以由市场商品价格体现出的直接收入，最主要的不经过市场买卖的林业产品是无从统计的。这就难以反映出真实的“林业总产值”，也就不能从 GDP 中正确估算林业贡献比重。这是造成绥宁县公开的统计显示蓄积量和造林面积不断增加、山区林木却越来越稀少的重要原因。

鉴于以上原因，为尽量了解林木收入对该地的重要性，我们还是努力基于公开的各种数据，尝试从税收角度，根据公开的账面数据估算一下该县的林业收入对政府财政的影响，这当然远不能完全反映真实状况。

一 林业在全县国民经济中的地位

绥宁县是全国、全省的重点林区县，是我国南方为数不多的森工县。林业对县域经济十分重要，是绥宁的支柱和主导产业。据县有关部门提供的估算数据，自 1953 年起至今，林业产值（包括来自林业的直接和间接收入）长期占全县生产总值的80%左右，在2008年时，仍然占68%。林业收入也长期占县财政收入的80%，在2008年仍约占68%。而林农收入的60%直接或间接来自林业。县内80%—90%的工业是以竹、木为原料的林产工业。作为全国南方的重点林区县，绥宁为国家经济建设和生态安全做出了重要贡献。至2009年，绥宁累计向国家提供木材2004万立方米，税费21.7亿元（按当年价计）。绥宁林业在全省乃至全国都有一定影响，有“三湘林业第一县”、“中国竹子之乡”的美称，被评为“国家级生态示范区”、“全国绿色小康县”。

二　林农的林业收入结构

动雷农民的经济收入一直与林木息息相关。在改革前的集体所有制年代，特别是长期以来大行“以粮为纲”，农民的正规收入来自生产队的粮食种植业，工分单价很低，生产队为提高工分值，只有向山上林木打主意。每年年终分配时，没有砍木材卖或砍得少的队每个劳动日价值低，一般0.3—0.4元，而多砍多卖木材的队每个劳动日值一般0.6—0.8元。因此，生产队千方百计多砍木材。据动雷村1970—1976年生产队年终决算分配方案统计，七年产值收入中，林业产值收入占30.1%，每10分工（即1个劳动日值）平均0.52元中，就有0.16元是林业收入。这还只是从集体分配渠道中获得的出售林木收入。更重要的是，在集体分配数量很低的状况下，个人收入，以及对农民生活不可或缺的山林物产，如做饭取暖所用的薪柴之类，会尽可能极力取之于山，可以想见。

改革开放后，林木砍伐和出售逐步市场化。林农获取林业收入分直接收入和间接收入。因年份自然条件（气候、水旱虫灾害等）不同、家庭务林人员多少不同、务林人员体力和技术程度不同、市场物价高低不同而收入差异较大。一个五口之家，其中一男一女两个劳力边种粮边务林，务林遇到好的年份年收入4000—10000元，遇到差的年份仅收入 500—3000 元。

直接收入：出卖竹木原料收入，出卖竹木初加工产品收入，出卖竹木制材后剩余收入，直接承包采伐、搬运、装卸、造林、抚育等收入，卖旧屋料收入，从树木采摘果品或药材出售收入，山苍子和棕片出售收入，竹木家具出售收入等。

间接收入：大头是日常烧饭、取暖所用的薪柴。此外，经营竹木销售中介收入，用松树蔸培植茯苓出售收入，用杉树蔸熬制焦油出售收入，用杂木种植香菇、木耳出售收入，漆树采漆出售收入，采松脂出售收入，茶油、桐油出售收入，在林地里采摘野菌和野果出售收入，到竹木加工厂打工收入，木工收入，篾工收入等。还有，林区农民生活中的主要物品如住房、家具、各类日常生活用品等，虽不便直接换算为市场价格以计算货币收入，但实质上都是农民的间接收入而且十分重要。

三　林业收入（产值）占大农业的比重

以下从相关统计数据观察林业在经济部门主要是农业中的地位。1981 年以前集体经济时代，务林项目由集体结账或按合同向集体交钱，林业收入不存在计算遗漏。1982 年分田到户特别是 1985 年竹木经营放开以后，除了集体拍卖青山有具体数据外，其余到户的收入便不能掌握，只能进行调查了解或按批准采伐指标测算获得。因此，80 年代后的林业产值统计是有相当缺口的。而 80 年代前，由于计划经济中的定价标准，林业的产值是否符合其真正价值则值得怀疑。它可能说明，以现有的统计方法计算，林业的产值有可能被低估。应该说，单从产值数据上看，林业的作用和贡献远远不能如县领导所说的那么重要，统计数据并不能反映出事物的客观全貌。

由于缺乏确切完整的林业产值统计，现在我们只有从林业收入占农业总产值的比重这个口径，试从一个方面观察林业产值问题。

农业总产值包括：农业产值、林业产值、牧业产值、渔业产值、服务业产值5项。

表2-1　绥宁县林业收入（产值）占大农业收入的比重　单位：万元

年份	农业总收入	其中		备注
		林业收入	%	
1958	2255.8	298.2	13.2	
1959	2401.5	523.2	21.8	
1960	1865.53	439.86	23.6	
1961	1550.67	260.45	16.8	
1962	1772.46	411.90	23.2	
1963	2130.21	460.02	21.6	
1964	2183.17	403.91	18.5	
1965	2238.38	556.93	24.9	
1966	2456.28	426.10	17.3	
1967	2664.39	446.76	16.8	
1968	2725.69	486.0	17.8	
1969	2009.51	446.81	22.2	
1970	2901.15	486.53	16.8	
1971	3281.82	505.00	15.4	
1972	3180.02	515.00	16.2	
1973	3355.30	613.00	18.3	
1974	3504.33	635.00	18.1	
1975	3601.31	657.34	18.2	
1976	3732.87	651.31	17.4	
1977	3975.67	686.34	17.3	
1978	4588.39	777.53	16.9	
1979	4920.03	948.12	19.3	
1980	5846.87	1299.35	20.2	
1981	5888.32	1011.0	17.2	
1997	6067.5	1700.5	28.0	
1998	6328.0	1810.5	28.6	
2008	117547.4	20860.3	17.7	

续表

年份	农业总收入	其中		备注
		林业收入	%	
2009	151453.7	26207.7	17.3	
2010	152152.5	29625.9	19.5	

数据来源：《绥宁县统计年鉴》、《绥宁县农业区划数据集》。

表 2-2　　党坪乡林业收入占大农业收入的比重　　单位：元

年份	农业总收入	其中		备注
		林业收入	%	
1963	530331	86444	16.3	
1964	604221	103926	17.2	
1965	631005	103484	16.4	
1966	840308	178985	21.3	
1971	862535	138120	16.0	
1972	837931	154187	18.4	
1973	891018	155368	17.4	
1974	954743	210540	22.1	
1975	900712	145014	16.1	
1976	921993	191530	20.8	
1977	1012886	214860	21.2	
1980	1490661	179000	12.0	
1981	1435897	151113	10.5	集体经济末年
1982	1644046	59662	3.6	
1983	2103987	156651	7.4	
1984	2361302	372054	17.7	
1985	3287347	707996	21.5	木材经营放开
1986	3813733	638841	16.8	
1987	4568041	649037	14.2	
1988	5079585	291300	5.7	
1989	5094314	569720	11.2	
1990	5640300	444200	7.9	

续表

年份	农业总收入	其中		备注
		林业收入	%	
1991	6114000	778008	12.7	
1992	7364000	751100	10.2	
1993	7358700	732100	9.9	
1994	6080000	740000	12.2	
2000	8057000	507590	6.3	
2005	8766000	1323660	18.1	修水泥路
2010	9405800	1081660	11.5	同上

数据来源：1963—1994年《绥宁县农业区划数据集》、《党坪公社分配年报》、《党坪公社统计年报》。2000—2010年系推算。

表2-3　　动雷村林业收入（产值）占大农业收入的比重

年份	农业总收入	其中		备注
		林业收入	%	
1961	71072	10227	14.4	从老大队分出新建动雷大队
1962	74800	12655	17.9	
1963	78953	11448	14.5	
1964	80012	14562	18.2	
1965	89292	17144	19.2	
1966	114271	13026	11.4	
1967	100255	15238	15.2	
1968	78708	11431	14.5	
1969	90912	12455	13.7	
1970	93755	14063	15.0	
1971	91624	16400	17.9	
1972	98714	18515	18.4	
1973	100315	10842	10.8	
1974	111347	24352	21.9	
1975	94126	19881	21.1	
1981	129770	29260	22.5	集体经济末年

续表

年份	农业总收入	其中		备注
		林业收入	%	
2006	781420	198480	25.4	修水泥路
2007	698220	84461	12.1	修水泥路　私人卖山
2008	716630	148516	20.7	同上
2009	801040	170492	21.3	同上
2010	877200	110527	12.6	同上

数据来源：《党坪公社分配年报》、《党坪乡统计年报》，2006—2010 年度测算。

四　税收、财政与林业

这里主要从政府及集体单位收入中来自林业的征收构成，及支出方面观察问题。

绥宁县征收的来自林业的收入统称林业基金，林业基金由育林基金、更新改造基金（后改称维持简单再生产费）、林业建设保护费三部分构成，先后简称“两金一费”、“一金两费”。

县政府征收林木税对财政收入很重要。在计划经济时代，绥宁因为出售木材和征收木材税费，县财政 40 年无赤字。但当国家调整林业税费政策后，县财政受到重大影响。以 2007 年计算，调整原木、原竹税收使县政府财政收入直接减少了 2501.28 万元，调整育林基金征收减少财政收入 4101 万元。县财政出现高额赤字。以下试说明县财政对林业的征收、构成及支出状况。

（一）育林基金

1. 育林基金的征收与变动沿革

绥宁县育林基金制度实行于 1952 年。征收根据是：以林养林原则，从县内生产的木材、竹材和一部分林产品的销售收入中征收一定比例的金额，作为育林基金。征收办法是：由森工企业在木材购销款中代扣，全部解省；再由省拨出一定数额给县，用于森林更新、造林、护林和经济林的垦复。1953—1963年，育林费全部交省统一管理使用。

1964年5月颁发的《湖南省集体育林基金管理暂行办法》，将育林基金由收购或直接组织采伐集体木材和竹材的森工企业、供销合作社、手工业生产合作社缴纳。育林基金分为甲、乙两种。甲种育林基金交省。乙种育林基金留县，原则上用于缴纳的原社队，后改为全县调剂使用。乙种育林基金从社、队交售的木材、竹材所得山价中扣除。

此项征收自实行起直至1985年，基本内容和征收办法未大变，延续了30多年。

由于育林基金按商品材计量计取，提数额少，且需先交省、地，再返回县使用，往往交的多返回少，有时还挪作他用，致使资金不足，群众造林仅能获得少量补助费，影响群众的造林积极性。

1985年，县委县政府吸取过去重砍轻造教训，对投资结构和方式进行改革，责成林业部门进行“四改”，即：将单纯层层下达任务、按任务大小付款，改为生产者与林业部门先签订合同，按合同设计施工后，再按合同验收付款；将无偿投资改为投资项目产出后归还一定数额的产品折价，并将收回的资金作为造林周转资金；将造林后当年验收付款改为郁闭后验收付款；将育林按面积付款改为按苗木等级和数量付款。改革后，林农增强了责任心，提高了育苗、造林质量，加快了营林进度。

2. 征收标准与征收办法

1954年3月，根据省人民政府《征收育林费暂行办法》，县人民政府规定向木材买卖方各征收成交额的2.5%，偷漏育林费者，处1—10倍罚金。

1964年5月颁发的《湖南省集体育林基金管理暂行办法》，甲种育林基金由收购或直接组织采伐集体木材和竹材的森工企业、供销合作社、手工业生产合作社缴纳。乙种育林基金从社、队交售的木材、竹材所得山价中扣除，征收标准如表 2-4 所示。

表 2-4　　绥宁县育林基金征收标准表

品名	木材	楠竹	篙竹	竹片	竹篾	竹抬杠	扁担	小杂竹	纸料
单位	立方米	百根	百根	50 公斤	50 公斤	百根	百根	50 公斤	50 公斤
甲种（元）	5	5	2	0.30	1.00	0.50	0.20	0.20	0.30
乙种（元）	2	2	1	0.15	0.40	0.20	0.10	0.10	0.15

数据来源：《绥宁县志》。

1967 年 10 月，县抓革命促生产指挥部规定：清理的林场材和困山材都要征收育林基金；小块国（公）有林，木材每立方米征收 10 元，楠竹每根 0.3 元。

1975 年 10 月，县革委会规定：从 1975 年 10 月起，由各区林业工作站征收育林基金，各区财政不再为林业部门代收；凡采伐收购木材、竹材、竹木制成品、竹木半成品、原材料（包括木炭、杂木棒、竹片、竹麻、竹尾、子篾、杉枝、杂竹、土纸、烧柴等）的单位或个人，必须及时缴纳育林基金；木材、楠竹和竹木制品、半成品、原材料出县，应事先办理缴纳育林基金手续，由县林业局开具出口证明，方能出口。

1979 年，对香菇、木耳、茯苓、竹笋、梽木条等开征育林基金。

1982 年 2 月，根据省林业厅、省财政厅联合通知精神，提高育林基金征收标准，国有林木材每立方米提高到 15 元；集体林木材每立方米提高到 12 元，楠竹每百根提高到 12 元。甲种育林基金交省的比例由 70%降为 50%。

1985 年，国有林木材每立方米收育林费标准不变，蒿竹每百根收 6 元；集体林木材每立方米仍为 12 元，其中交县林业局 8.5 元，留乡林业站 3.5 元，集体林楠竹每百根征 7 元，蒿竹征 3 元。旧屋料每立方米征 5 元。竹木制品、竹木半成品、原材料、杂木棒、木炭、杉枝、竹尾、烧柴按成交额的 5.5%征收。

1986年4月，县林业局、财政局、税务局、工商行政管理局联合通知，将原定按每立方米固定金额计征育林基金和其他费用改为按成交金额比率计算，具体情况如表2-5所示。

表2-5　　　　　　　　绥宁县木材税费征收表

税费名称	金额比率	备注
原木产品税	10%	税务局收
农林特产税	5%	财政局收
林业基金	20%	森工局收，其中育林费12%更改金8%
林区建设费	7元/m^3	交县财政3元，交乡4元
工商行政管理费	2%	工商局收
检尺费	1.5元/m^3	场、站收
林政管理费	1.5元/m^3	县林业局收
山价款	20%	乡、村各收10%
竹材及半成品、原材料、屋料等育林费	10%	林业局收

数据来源：《绥宁县志》。

3. 育林基金的使用与收支

1953—1963年，育林费全部交省统一管理使用。1964年起，甲种育林基金交省，乙种育林基金留县，原则上用于缴纳的原社队，后改为全县调剂使用。1972年12月，育林基金的使用范围和开支标准如下：（1）杉木林基地造林，每亩补助4元；连续抚育三年，每亩每年补助1元。（2）楠竹基地造竹林，每亩补助4元；垦复每亩补助3元；修山每亩补助1元。（3）飞机直播造林种子费、飞行费、机场费。（4）社队采伐地更新补助费。（5）非基地社队林场补助费。（6）森林保护费。（7）基地雇请半脱产管理人员，每人每月补助26元（包括公杂费、医药费在内）。（8）管理费。（9）业务费。基地人员业务培训、参观评比、检查验收等费用。

1980年，把甲种育林基金全部交省改为70%交省，30%留县；乙种育林基金由公社管理，大队记账，林业、银行部门监督使用。

1981 年，全县育林支出 57.926 万元，其中甲种育林基金 32.9315 万元，乙种育林基金 24.9945 万元。

表 2-6　　绥宁县集体林育林基金收支表（1966—1990 年）　单位：万元

时期（年）	收入			支出					
	小计	地区拨（甲种）	自收（乙种）	小计	造林	森林保护	社队林场补助	业务费及业务员工资	其他
1966—1970	160.35	20.22	140.13	46.81	42.78	1.47		2.52	0.04
1971—1975	189.58	74.62	114.96	240.99	212.40	3.00	0.86	20.45	4.28
1976—1980	392.78	210.31	182.47	284.00	210.01	10.70	6.71	12.59	43.99
1981—1985	952.11	78.12	873.99	702.71	407.68	39.74	29.35	80.53	145.41
1986—1990	1060.62			2375.98	1447.85	215.60	28.20	497.98	186.35
合计	2755.44			3650.49					

说明：（1）1952—1963 年资料缺；1964—1965 年收入数额不多，记入 1966 年账务上；（2）1983 年起，育林基金不分甲乙种，表中 1981—1985 年全部列入乙种内，1986—1990 年全部列入“小计”内；3. 1987 年的收入中，含外借资金 417.5 万元，内借资金 103.3 万元。

数据来源：《绥宁县志》。

（二）更新改造基金

1972 年，森工企业按采伐或收购的木材数量每立方米提取 5 元作固定资产更新改造基金，其中 2 元交省、1 元交地区、2 元留县。1975 年起，县留 3 元，上缴省、地各 1 元。1982 年 1 月，每立方米正材提取 10 元，其中上缴省 4 元、地（市）2 元，留县 4 元。等外材、非规格材提取 5 元，其中省 2 元、地 1 元、县 2 元，可列入生产成本。1986 年，更改金按第一次木材成交额 8%提取，当年全县提取 246.59 万元，比 1985 年增长 22.2%。1972—1990 年全县共提取更新改造基金 2815 万元。

表 2-7　绥宁县林业更新改造资金收支表（1972—1990 年）　单位：元

年份	收入	支出										
		合计	上交省地	交县财政	公路建设	出山陆运	水运工程	房建工程	办学办医	办电话	设备购置	其他
1972	245474	413305	127882		9150	126744	35667	41205			72657	
1973	505638	594220			30000	286320	69300	72200	19500		86700	30200
1974	947470	468600			15000	244500	67800	22500			113100	5700
1975	944275	713500			229700	154500	74000	145300	3400		73600	33000
1976	962173	1377800			880500	149700	137700	77700			126200	6000
1977	967585	966100			187400	99000	152300	37400	10900	350000	111500	17600
1978	1054174	877631			116400	74277	3327	117246	117	440000	76176	50088
1979	1219125	1312730	354534		268100	72407	41128	179329	9124	310000	78108	
1980	699235	735000	344636	138460	143800	7716	5800	16000	21995	50000	6593	
1981	718995	1053229	357732	417732	19000	44950	7600	87200	28350		90219	446
1982	1179919	768043	18137	81748	386389	80022	5000	190297	3000		3450	
1983	1108512	1301286	193024	414312	365821	93004	18000	51706	37256		34400	93763
1984	1569035	120900			120900							
1985	2017500	1545588	50000	274336	424193	41100	9000	461600			166700	118659
1986	2465938	1938134	53500	607209	176174		3800	606512				490939
1987	3093122	2840542		617724	350000	72500	1000	205500	331100		671250	591468
1988	1975476	2174440	395095	244037	411000	200000	277976	350000				296332
1989	1956642	1927126	391328		308500			200000				1207298
1990	4522839	3658538	863846					632521			50000	2112171

说明：（1）1989 年其他项中，含邮电建设费 150000 元，森工支出 492342 元，新产品开发费 70000 元；（2）1990 年其他项中，含森工支出 472970 元。

数据来源：《绥宁县志》。

（三）青山价

1. 何谓青山价

为保证林业再生产的不断扩大，促进森林资源的合理采伐和利用，县林业部门收购社队（乡村）的木材时，由收购部门以直接扣除方式，提取一定数额的青山价（又称山价、林价），作为补偿林业再生产基金。因此，所谓青山价，实质是社队集体向林业部门出售自己的木材时，向林业部门缴纳的一种税费。自 1956 年至 1985 年，由县规定税费的标准和额度，款项最终由社、公社（后又改为大队）决定使用内容。1985年后，青山价由乡政府决定收取标准，并在向林业站缴纳一定比例款项后，由乡和村集体自行决定开支内容。

2. 提取标准

1956年10月26日，县人民委员会发出通知，确定杉原木青山价每立方米收7.50元，松原木每立方米6元。1959年，木炭每50公斤收青山价0.06元，采割松脂每株树收青山价0.05—0.10元，楠竹每根收0.05—0.1元。

1973年6月19日起，执行省木材公司《关于调整木材、等外材林价（山价）的通知》，标准如表2-8所示。

表2-8　　　　1973年绥宁县木材青山价等级表

材种	规格	林价	
		等内	等外
杉、柏木	不分	9	6.5
坑木	不分	6	3.2
松木	不分	6	3.2
坑木	不分	7.30	
杂木一类	不分	12	
杂木二类	不分	15	9.50
杂木三类	不分	10	5.50
枕资	不分	6	
小条木	不分	6	3.2
火柴材	不分	7	
胶合板材	不分	7	
楞材①	不分	8	
杉板	不分	12	6.50
松板	不分	9	3.20
杂板一类	不分	20	9.50

① 楞材即加工的枋材。

续表

材种	规格	林价	
		等内	等外
杂板二类	不分	14	5.50
杂板三类	不分	10	3.20

数据来源：《绥宁县志》。

1979年9月，杉木材山价每立方米提高到17元，松木10元，杂木一类23元，二类15元，三类10元。1981年8月，县计划委员会、县林业局联合制定新山价，每立方米杉木收39元，松木收22元，杂木一类收48元，二类收28元，三类收20元。

1984年起，按第一次木材成交的20%提取青山价款。

1985年起到2010年，林木山价由乡村制定，自收自用，县里不再具体规定。1995年县里发文，允许将集体山（又称责任山）进行拍卖、租赁或联营，仅对村民自留山自用的木材每立方米收58元。动雷村据乡政府文件规定杉木每立方米收100元，松木90元，竹子不收。村里将收取的钱向林业站交纳后，剩余的作村里的办公经费。作为青山拍卖的，由买主到乡林业站办理批准手续并缴纳“两金一费”后才能进山采伐。此政策一直实行至今。

3. 使用

农业生产合作社期间，木材山价归农业社集体收、集体用。人民公社化后，山价归公社收、公社用。

1959年11月，县委、县人委对木材、楠竹的青山价使用范围做如下规定：木材楠竹及其他林副产品的青山价，一律由公社统一掌握使用，不得分到大队；青山价的15%作为护林管理费，其余可用于林业基建、造林、基地更新等；用于修建房屋、置家具等非生产开支，须报经县委、县人委批准。

1964年7月，中共绥宁县委颁布《关于集体砍伐木材使用管理的若干规定（草案）》，内容如下：（1）山价所有权由于1962年实行“四固定”时，除经济林划归生产队集体所有外，杉、松、杂、楠竹等用材林和杂木之类的薪炭林一律归大队所有；山价款应由大队使用和管理。（2）青山价包括：直接出售木材所得的山价；组织劳力采松脂、剥栓皮或烧木炭所得的山价；出租松树、栓皮栎树、薪炭林所得的山价；出售其他林业主副产品所得的山价。（3）竹木收购部门将山价款以转账方式付给大队，存入所在公社信用社，信用社以大队为单位建账。（4）青山价款不是当年劳动收入，因此，不准作为当年收入参加年终分配。只能用于恢复、发展林业生产和林区基本建设及逐年归还社员入社时山林折价的股份开支；以前已把青山价分掉的，应按人民公社六十条处理。（5）青山价使用和审批权限：大队用青山价付给各生产队参加造林、育苗、采种、抚育、护林等实际用工报酬，生产队作收入参加年终决算分配；用作大队林业生产和林业基建等开支的，年初应造计划，经公社党委审查，报区委批准，年末由信用社填支出结存表，报县委农村部财会辅导组和县人委林业科批准；全年动用青山价100元的报公社备查；101—500元的由公社批准，包区公所备查；501—2000元的，由区公所批准，报县备查；2001元以上的，经区审查，报县批准。未经批准，信用社不得支付。

1965年9月1日，县林业局、县农业银行联合通知：规定青山价用于林业生产的具体标准如下：（1）育苗，按每亩分别补助40元、70元、100元。（2）造林，按带垦、全垦整地方式，每亩分别补助3元、5元。（3）幼林抚育，每亩补助2元；成林抚育，每亩补助3元。（4）竹林垦复，按质量要求，每亩补助3元、6元、14元。（5）人工促进天然更新和人工更新，每亩分别补助2元、5元。

1973年开始，大队青山价款可以抽出25%作为社员当年分配，75%用于扩大林业再生产。1979年，青山价款可以抽出25%作大队基本建设用。1980年，青山价连同乙种育林基金统一使用，25%作为当年分配，30%用于农田基本建设，45%用于林业建设。实际上，青山价款已用于修公路、架桥梁、建电站、修水利、办学校、建会场、修集体仓库、购置农用机械等，已突破了文件规定的范围。

1995年以来，根据县里的文件允许拍卖青山以后，许多木材多的村大量拍卖青山用于基础设施建设。

表2-9　　动雷村基础设施建设林业收入投资表　　单位：元

项目名称	建设年份	总造价	其中						
			国家直拨款	县乡财政投入	社会捐助	群众集资	出售山林收入		备注
							金额	占%	
架党坪经苏家至动雷高压线	1986	23000					23000	100	村出木材管理费
架村部至高坡龙塘高压线	1991	26000				10000	16000	61.54	同上
动雷小学教学楼	1992	92200		10600		20000	61600含贷款	66.81	包括厨房2600
村部末阳坡石拱桥	1990	3500					3500	100	村出木材管理费
石牛洞2座石拱桥	1988						1000		与党坪村合修
龙塘机耕路	1993						3500		村买雷管炸药群众义务投工
高坡机耕路	1989						500		同上
乌塘机耕路	1990						600		同上
陈家大毛洞石拱桥	1989	31000		18500			12500	40.32	同上
龙塘团石拱桥	2001	24000		2000			22000	91.67	
乌塘清江洞2座石拱桥	2000	5000					5000	100	
深山冲机耕路	1993						500		同上
党坪至三十八田水泥路	2007				5000		98000		

续表

项目名称	建设年份	总造价	其中						
			国家直拨款	县乡财政投入	社会捐助	群众集资	出售山林收入		备注
							金额	占%	
党坪至沙坪冲水泥路	2009								
党坪至枫木湾水泥路	2010								

说明：（1）建设年月指竣工日期；（2）1995年前不准出售山林，是村按20%比例抽取的木材销售管理费；（3）均系当年价。

第三章

山区自然生态的历史变化、现状与经验教训

第一节　山区生态环境的历史变迁

一　新中国成立前

明代之前，绥宁县到处森林茂密，古木参天。由于历代王朝的民族歧视政策，民不安生，这块绿色宝地成为荒蛮之地。富饶广阔的森林，顺自然规律而天然演变，随时代沧桑而兴衰交替。百木芳草，各居所地，互有所依，自生自灭。油茶林分布于低山丘陵，毛竹（楠竹）分布于中山的中下部。樟、楠、梓、椆、枫香、荷木及其他常绿阔叶树，分布于深山沟谷或宅旁村边。中山山体上部，有的因历史性的山火蚕食，形成荒山或灌木丛地。清雍正至道光年间，乡规民约禁山护林流行，促进森林的恢复与发展。咸丰至同治年间，间或有杉木出售。原始的刀耕火种，毁坏田边地边森林。人们开始人工植杉，故有成片杉木林的留存。马尾松凭借其天然下种之适应能力，占领了大部分地盘，经年累月，形成了以马尾松为主体、多树种结合的天然次生林概貌。

民国时期，政府开始提倡和鼓励民众育苗、造林。树种以油桐

为主，杉木次之。造林山场以丘陵岗地、火烧迹地、林中空地为主。砍伐不多，以自用为主，主要利用杉木。一些富户砍杉木作商品材，扎簰水运至洪江出售。因林地乔木繁茂挺拔，影响农田光照，“阉树”[①]频繁，任树木站立着枯死腐朽而倒伏。整个绥宁林区，长期处于原始封闭状态，活立木蓄积量达2000万立方米之多，森林覆盖率在80%以上。身居宝山不识宝，竟将森林当包袱。曾有外地官员因绥宁山高林密交通不便而不愿来绥宁为官。

二　新中国成立后的砍伐、造林与管护过程

1. 20世纪50年代

1950年10月，绥宁县人民政府成立。在中国共产党和人民政府领导下，动雷村于1951—1952年进行土地改革，当时人们重田土轻山林，对山林的分配与占有，并不斤斤计较。有的手指为界，估计为据，分山马虎造册粗糙，给80年代初分山到户埋下了隐患。造林难以发动，山火难以防止。砍树很难搬运出山，资源变不了钱。1954年实行互助合作化后，一方面加强党的林业政策宣传，另一方面通过采种、育苗、造林、伐木和利用等林业生产活动来启发教育群众。特别是木材出境增多，松脂、楠竹、桐油、生漆、五倍子等林副产品的开发利用，林农得到实惠，造林护林积极性逐步调动起来。当时动雷水上冲（今3、4、5组）、下冲（今6、7、8组）联合成立的互助合作联组就在大坪界人工造杉林4亩获得成功。1956年成立高级农业合作社后，农户入社的山林采取折股分红，确立了集体经营田土山林的机制。1958年秋的人民公社化运动，“一大二公”，将原来农户的田土、山林、耕牛农具和房屋四大财产统统归公，建立公共食堂。生产组织军事化，实行“大跃进”。当时县里安排东山区兵团（辖今东山、鹅公、朝仪三个乡）的3000多名劳力进驻党坪公社的米水、党坪、杨庄沿莳竹河长10多

① 即用斧子将树蔸部和树周围剥皮砍光，任其枯亡。

华里、宽5华里的山场“剃光头”[①]，大约砍伐10000余立方米木材，除少量靠近河边的木材运出销售外，其余7000余立方米困在山里运不出而腐朽糜烂。致使这一带约3000多亩山场荒芜30多年，后于90年代种上树才恢复了元气。动雷离河边远，没有被大片“剃光头”，但也有1000多立方米木材烂在山里。这两年全县木材浪费损失达18000立方米以上。

2. 20世纪60年代

1960—1961年处于经济困难时期，集体造林基本停止。1962年实行“四固定”[②]后，农民生产积极性高涨，又在“大办农业、大办粮食”政策促动下，随之掀起了一股毁林开荒高潮，成片的树木被砍倒作柴烧，将林地垦荒种粮。动雷村当年毁林开荒达150亩。1963年县里发文才得以制止。1964年，林业走出了低谷，形势逐步好转。根据省政府指示，建立了集体林育林基金制度，县里开始掌握育林基金，填补了对发展林业所需的资金投放，增加林农收入，解决长远利益与目前利益的矛盾。边界护林防火联防组织的扩大与加强，重点保护了以绥宁林区为中心的森林资源的安全。在中共湖南省委书记张平化关于“大唱杉木林戏”的号召下，动雷大队亦和全乡全县一样，集中连片大面积营造杉木林，以弥补国营投资造林之不足，加快荒山绿化过程，但是，好景不长，“文化大革命”运动汹涌而起，冲击了各个方面，林业放任自流，已造的林木，无人抚育管理，幼林毁坏严重。

3. 20世纪70年代

1970年后，为了满足国民经济建设的需要，省地给县下达的商品木材上交任务越来越重（最终要落实到大队一级坚决完成），而砍伐山场又越来越远，木材运输困难重重。因此林区基本建设被摆上了县里的议事日程。整治溪河、修筑公路是投资重点。又因全

① 指将山林的树木全部砍光。
② 即将田土、山林、劳力和耕牛农具固定于生产队。

县活立木总蓄积量逐渐下降，森林采伐后迹地更新引起重视，闯出了社队办林业的新路子，建立了南方集体林区林业生产经营的新模式——社队采育场，实行“边砍边造、采育结合、青山常在、永续利用”采育方式，获得国家农林部的肯定。全县掀起了大办社队采育场高潮。加上社队林场、园艺场的恢复建立，构成了林区以“三场”经营为主体的生产方式，发展了社会主义集体经济。但当时木材价格很低，虽有大量木材外销，林农收入却增加不快，从事木材生产的劳动报酬，每天仅1元钱左右，一个壮劳力全年从事木材生产向生产队的投资在200—300元之间。动雷大队1966年在社教运动中建立了园艺场。从各生产队共抽调6—8名劳力常年经营以温州蜜橘为主的30多亩果木林，除了正常开支外，分到队里的资金很少。为了增加集体收入，大队又于1969年办起采育场，实行“以砍为主、砍造结合”，至1979年止，每年砍伐销售木材900—1000立方米，除生产成本外，分到生产队的现金仍然不多。

4. 20世纪80年代

党的十一届三中全会以后，在改革开放方针指引下，木材价格大幅提高，山林体制变动很大。国有山林层层下放，集体山林析出了“自留山”和“责任山”[①]。1980年，社队企业大发展，木材实行多家经营，全县办起180多家社队木材加工厂，大搞木材粗加工，在使用枯材废材的同时，又乱收乱购正材，助长了乱砍滥伐。动雷大队也随之办起木材综合加工厂，每天消耗着十几、二十几立方米木材。厂外的农民还到山上乱砍杉树中幼林，锯成枋片和砍“杉尾”出卖，严重时出售的“杉尾”折成原木达几百立方米之多。在县、乡人民政府的强力干预下，对社队采育场进行整顿，有的进行关闭，对乱收杉尾进行罚款，才刹住了这股歪风，但已形成对林木的巨大损害。1982年春，农民分到自留山和责任山后，村

① “自留山”是集体按人头分给社员长期使用的山。“责任山”是集体未分给社员的、由大队划给生产队或社员保护的山。

内部分人又将责任山上的树木砍掉卖黑心钱，又刮起乱砍滥伐风。10月，贯彻《中共中央、国务院关于制止乱砍滥伐森林的紧急指示》，乡村组成联合工作队（又称“联防队”），重点清理了本村5个组46户重点对象，进行没收和罚款处理。1985年初，根据中共中央1号文件精神，政府取消木材统购，允许木材上市，放开木材价格，由原来每立方80元左右，一下子上升到300—400元，林农收入、地方财政收入均大幅上升，育林基金、更新改造资金收入亦随之水涨船高。企业利润突然增高翻番，社会上的各种附加收费亦同时上升。木材身价的大提高，诱使村内部分人不顾政策法规，一时乱砍滥伐、乱收乱购、转手倒卖行为愈搞愈烈。乡村又组织工作队深入重点组、户清理，对违法违规人员处以重罚。村支两委总结长期以来“失误在山”的深刻教训，从各片抽出一名责任心强敢抓敢管的党员或干部组成专业看山队，并同各片看山员订立《发展林业保护森林资源责任状》，将看山员工资与管护责任挂钩，加强了看山员的护林责任感。与此同时，为了刹住这屡打不停、屡禁不止的乱砍滥伐和乱收乱购的歪风，县委县政府制定出台了关于森林限额采伐的规定，并撤销1980年发布的木材多家经营的决定，改由县木材公司、县供销社、县物资局三家经营的决定，乱砍滥伐歪风被有效制止。1986年，县里成立林业公安分局（下辖9个派出所），林业法庭和两个林业检察股室，共配备干警75名。木材采伐管理走上法制和限额采伐的轨道。但树欲静而风不止，随着木材价格的不断上涨，1988年夏秋间，村里少数人又在短短两三个月里盗伐集体山林100余立方米。9月起，在县委县政府开展严惩破坏森林资源违法犯罪专项斗争震慑下，至11月止，共查处违法违规19人，收缴木材56立方米，罚款2160余元。动雷村党支部在打击乱砍滥伐风的同时，当年下半年在全乡率先试行“杉木速生丰产林试验”，在大木坳山场高标准造林270亩，第二年长到1.3米高，第三年长到2—3米高。试验林的成功大大激发了村民造林积极性，仅 1988—1990 年三年内就造丰产林 1514 亩，相当于新中国成立以来至 80 年代造林成活率总和的 15 倍。

要想少砍树，又要增收入，必须广开门路。1986 年秋，村党支部在县委书记的关怀支持下，根据本村的气候、水利和土壤条件，特别是人们勤劳、又喜欢种菜的习惯，与县蔬菜公司订立蔬菜产销联营协议，每天由公司派车来村收购运到县蔬菜门市部销售。从 5 月开业到年底，村民就挣回 2 万多元的收入。第二年由于种种复杂原因，经营几个月后协议失效而停业。如果这条致富路子继续走下去，动雷村民早就富裕了，山林也会得到更有效的保护。

纵观整个 80 年代，动雷村林业在成材林方面受到严重摧残，另外又因为杉木速生丰产林试验成功促进了农民植树造林的积极性，使造林面积有所增长。前者，使动雷村森林资源多次遭到严重损失。个别木材收购者凭着木材采伐证、运输证的牌子，唆使当地人超砍滥伐，并和极少数盗伐者狼狈为奸，你砍我收，你晚上砍我晚上收，你暗里砍我暗里收，致使集体山林每年损失 100 立方米以上，十年中，共计损失约 1000 立方米之多。乡村两级每年组织力量进行清查、没收和罚款，付出了相当大的代价。后者，使动雷村从 50—80 年代中期造林的“年年造林不见林”到速生丰产林大面积试验成功，取得较大成效，鼓舞了村民造林护林的积极性。

5. 20 世纪 90 年代

据县统计资料数据，绥宁县于 1991 年消灭了宜林荒山，1993 年实现全面绿化，1995 年森林覆盖率达到 75.3%，树木年生长量高于年消耗量。绥宁县的这些指标均居全省首位，在全国也名列前茅。从 1995 年 12 月起，县委县政府根据中央体改委、国家林业部颁发的《林业经济体制改革总体纲要》精神，提出建设林业强县号召。动雷村支两委根据县里要求，结合本村实际，制定了实施方案，主要是：(1) 将水土保持林和风景林划为公益林，实行保护性管理，将用材林、经济林划为商品林，实行开发式经营管理。

(2) 在不改变林地用途的前提下，允许山地使用权流转，引导山地使用权向有实力的经营者转移。流转形式主要有承包、出租、入股、有限期的拍卖。(3) 按照"山上管严，山下搞活、砍伐管严、经营搞活"的原则，逐步地把竹木推向市场。(4) 推进人工森林资源资产化经营。允许中幼林进入市场，通过拍卖、招标、抵押、委托经营等形式，实现资产变现，滚动开发，缩短生产周期①。(5) 调整林种结构，逐步把用材林、工业原料林、楠竹和其他经济林的比例调整为1:1:1，形成"三分天下"的格局。这项综合改革实施后，显现了两方面后果，积极后果约有三处，一是林政管理秩序有所改进，几年来乱砍滥伐、木材倒买倒卖案件比往年减少了60%多，经常开展声势浩大的林业严打斗争，有效打击了林业上违法违规现象。二是林农的积极性空前高涨，全村90%的农户投资投劳上山搞开发，仅1997年，全村造林381亩，抚育446亩，造竹林1400株，总投入15万多元。三是开始拍卖青山后，为林区交通建设解决了大部分资金投入，减轻了林农部分负担。但与此同时，也出现了一些严重问题：由于开放了青山拍卖，让中幼林进入市场，个别村干部便朝这个政策打擦边球，甚至闯红灯，利用手中的权力不按公开程序办事，而是采取招暗标、假招标等手段，趁机侵吞集体山山林收入款中饱私囊，引起村民的极大愤恨，为此上访案件增多。这也涉及管理体制问题。1999年，县委县政府按照对林业资源实行分类管理的总体思路，对现行体制进行改革。一是实行公益林县里管，将全县的天然林、水土保持林和风景林划为公益林，建立公益林补偿机制，确保投入到位。二是施行用材林村(场)管。对全县的杉木林、马尾松和其他用材林，继续实行村(场)集体所有集体统管。三是实行楠竹、经济林农户管，将楠竹、经济林的生产经营权下放，给农户实行"谁造、谁管、谁受益，权

---

① 杉树长成大径材需40年左右，现在人工造林20年就视为大径材，缩短周期一半多。

属不变三十年”。实施这些改革后，明晰了“三级”管理权限，进一步保护了森林资源，促进了林业经济发展。但用材林村（场）管仍为少数村干部搞腐败提供了温床。

三　林权改革轨迹

集体化后，动雷村的山林在20世纪80年代之前属于村集体所有。改革开放后，实际上从80年代开始，动雷村就已在逐步对山林的集体所有权进行了局部改革。伴随着80年代后至今30多年的经济改革，林权体制变化对当地的林业生产和农民利益有着非常大的影响。这种影响一直延续至今。其间由于中央至地方的相关政策变化，特别是动雷村在具体执行过程中出现的问题，林改经历了较长的和曲折的过程。由于动雷林权改革的复杂性，使之既有正面成效也存在不少问题。有些问题现在还看不清楚。以下只能概要地讲述一下表象。

1. 农民自留山的划分

1980年春，随着农业生产责任制的推行，山林体制也发生变化。在县乡的统一安排下，动雷大队亦将全部山林10653亩[①]抽出874.6亩（人平均0.94亩户平均4.8亩）作为自留山分到户管理使用。[②] 其余9778.4亩作为责任山由大队和各生产队集体管理使用。当年冬，县里又布置可以将责任山分到户管理。当责任山刚分到户管理后，部分农户赶忙将责任山树木砍伐销售，掀起了一阵乱砍滥伐歪风，且越刮越凶。为狠刹这股歪风，根据县乡紧急指示精神，大队迅即将分到户的责任山仍收归生产队集体管理。由于一些生产队的责任山四至（东西南北）界限不清，经常为之扯皮。1982年7月底前造册填证发到户。在填证造册过程中，一些造册人员文

① 这是农业合作化时期估计的面积。

② 自留山874.6亩系应分给农户的面积，分山时分山人员只凭眼睛估计，实际比林改实测面积多2—3倍。

化水平低，出现将地名写错或分山的四至界限（即按山座向东代表左边、西代表右边、北代表上边、南代表下边）标准写不明确，如南到盘路，有的有2—3条盘路，不写明到哪条盘路止导致引发争执。还有少数造册人员私心作怪，故意将四至界限写模糊，乘机多占他人或集体山面积。由于造册填证中的这些粗心和做手脚问题，使以后20多年的到户管理、使用中发生过不少矛盾争斗和相骂打架事件。

1985年冬，新的党支部、村委会做出决定，将分到组（原生产队）的责任山收归村（原大队）集体管理使用，安排几个看山员常年管护。此后大大减少了乱砍偷卖活动，也为集体基础设施建设提供了资金来源。自留山的划分，按当时现有人口，单人户的一人分领两个人的山，两人户的二人分领三个人的山，三人户及三人以上户按一人分领一个人的山。强调一户划山最多不准超过3处，分到户的面积只可减少绝不许超过。全村（大队）分为五大片，每片抽一名村（大队）干部带队，由该片各组长（生产队长）、群众代表参加划山，用目测估计面积。全村13个组，182户，930人，户均划自留山4.8亩，人均0.94亩，共874.6亩，折价15267.2元（当年价）。村（大队）和组（生产队）园艺场56.4亩，村责任山9722亩。

2. 2007年的全面林权改革

2007年9月，根据《中共中央、国务院关于加快林业发展的决定》、《中共湖南省委湖南省政府关于深化集体林权改革的意见》，按照“产权明晰、经营主体落实、责权划分明确、利益保障严格、流通顺畅规范、监督服务有效”的原则，向建立现代产权制度方向努力，结合绥宁实际，县委县政府公布了《绥宁县深化集体林权制度改革实施方案》，要求全面理顺林业生产关系，进一步解放和发展林业生产力，真正做到“山有其主，主有其权，权有其责，责有其利”。实质性地将集体（村、组）目前经营的山林，“全面彻底”地承包或拍卖到户、到人。按照政策，期限为45年，尽量采取分股（利）不分山的模式。对于已经分到户的自留山、承包山、联营山、退耕还林地维持稳定，并且实行“增人不增山，减人不减山”原则。绥宁县要求2008年4月30日全面完成林改任务。

动雷村村委会相应成立了林改领导班子，制订了本村林改方案，经乡领导小组2007年12月批准施行。确定本次林改不折股分到户的山场为：（1）已填管业证的自留山和集体决议补分到户的山场；（2）已填管业证的竹山；（3）已承包到户的园艺场和油茶山；（4）已拍卖流转的山场；（5）与上级林业部门联营的造林山或抵押山场。

本次折股的山场为：（1）除上述五种山场以外的所有集体山场；（2）田坎缓坡3丈、陡坡5丈，或老山盘、老路以外的山场；（3）村民自留山与自留山之间的属于集体的间隔山场；（4）原五保户去世收归集体的山场和全家外迁户的山场；（5）原划作县联纸厂基地的山场；（6）至1982年止已划作村民自留地的地边山，不超过3丈。

收益分配原则是：（1）以片或组成立专业合作社，推选3—5人成立理事会，具体负责本片组的收益分配和造林抚育管理、木材销售等事宜。（2）第一轮除10万元以下交村20%，或10万元以上交村30%以外，其余必须用于本片组交通建设开支，第二轮起可由片组用于其他公益建设或分利。分利以累计人口分配。（3）私人在公山上留的杉树（寿材）一律作废充公折股处理。（4）折股年限为45年。由于村支部换届，以上折股分山和收益分配方式被接任者否定取消。

动雷村的林改方案原定2007年12月底完成上山踏界勘测，及折股作价，2008年元月底完成填证造册公布。但由于罕见自然灾害影响，致林改工作推迟到2008年3月才开始进行。但在具体工作中出现的一系列问题，较严重地影响了林改的实际成效。

动雷村集体山拍卖较多剩余很少，村民重点是对1981年划自留山、1982年填发证书进行复核、认定。少数原参加划自留山的人指出原划界限时，当事户主见与自己的证书不符，便当场争吵，界限稍有出入的也不相让。

至4月上旬，踏界进行到一半时，适逢村支部换届选举。接任支部没有能够按照县的林改要求较好完成踏界和填证造册工作，致出现问题，例如一些人趁机侵占集体山和他人自留山，将本户自留山山界扩大，乱填界限；将集体未分的间隔山填为己有；个别村干部将多户（有的多达8户以上）承包的油茶山、竹山填为一个户主，将林权证发给该户，其他户无证。原集体流转的林地林木期限为30年，现政策延至45年，多增加15年，但应交集体的收益未规定随之增加。本次重新核定自留山面积时，虽然按航拍照片圈点计算，较目测准确，但仍存在偏紧偏松的出入，等等。

以上问题，虽经公示征求过村民意见，群众也提出不少中肯意见，但村、乡并未听取改进，而是少数人关门填证，并按每亩5元收取工本费后发证。对划界中意见大、双方争议未决的，由乡、村留住不发证。并宣布，今后新林权证据与原自留山权证不符的，以原自留山界限为准。

以上是动雷村2007年12月开始的林权改革的大致情况，约为时一年结束。

动雷村的林改工作取得了一定成效，但问题隐患不容忽视。

成效：一是确权发证使大部分林地的使用权和所有权在一定程度上有所明晰，为保障山主收益权打下了初步基础。通过改革，全村除县联纸厂基地和县林业局联营的几百亩山场外，其余全部林地、林木都确权到山主（户）。山主可以依法依规处置林地林木，维护正当权益。林改后进行的配套改革，使山主的经营收益大幅提高。二是森林资源管护得到加强。林改后，对于已经明确山林权益的本村大部分山主（户）来说，都增强了管好自家山、看好自家林、用好自家权的责任心。少数大户山主（主要是村外）也托人代管。此外，因为到山中砍伐林木是重体力劳动，随着青壮年劳力大量外出打工，偷盗林木现象大为减少。县、乡、村、组层层建立了森林防火防治病虫害组织、建立起森林灾害应急反应机制和服务网络。这些都对保护森林资源起到好效果。

县级领导的相关措施对林改工作成效起了重要作用。林改时，县委县政府就围绕林改后的林业经营、资源保护、产业发展和林区治安等重点环节进行了方案设计并采取相应措施，如从林木采伐指标、林权证抵押贷款、专项资金补助对林业合作组织给予扶持；逐步提高生态公益林补偿标准，加强生态公益林管护机制，等等。

但是，动雷村的林改也留下了隐患。

一是分配不公和强势占有，导致林农心理失衡，潜伏着买主和卖主之间的利益矛盾。林改前，动雷村为筹措修公路、筑桥梁、建学校、架电线等基础设施的建设资金，不得不将原集体的林地林木低价出售，有的低到每亩林地仅 100 多元，而且一卖就是 30 年。现在每亩林地价值高达 3000 元，且呈继续上涨趋势，集体和农户想买回来是不可能了。看到本属于自己的资源在别人手里发暴利财，导致了心理极不平衡。一些农户说，等时来运转再夺回果实！少数买主也担心农民会采取逆反行为。

二是林改增强了农民的利益观念，当利益的取得未能有明确和具体的制度依据时，引发了较多的矛盾纠纷。动雷村在 2007 年的林改中，相当部分林地的产权确定并没有很好贯彻公开公平公正的原则，这给以后的林木处理埋下了隐患。为了能在林改划分山场中获利，村里不时出现林地纠纷，有时候非常激烈。有些人自以为领到了新林权证，就可以凭证随意砍伐与之不符的他人原有自留山的林木，导致村民的争斗。估计新填证与原自留山证不符的占 1/5 左右。一到砍伐时矛盾会随之引发。

三是部分林权不明晰隐藏着潜在的利益纠纷，影响了林农的生产积极性。一些拿不到林权证的农户说，在当前对自己一代人还没有太大影响，因当代人都知道自家林场的边界位置，过些年或到下一代人手里就难以弄清了。以后在林地林木处置中搞不好就会出大问题。四是林地林木买卖中的“官民合谋”，损害了政府干部在农民心中的形象，加深了农民对政府（干部）的不满情绪。林改到底谁受益？不少人认为，林地的买主是直接受益者。他们中有的是木材经销商，有的是竹木企业老板，有的是国家干部和村组干部。只有少数是农民。

第二节　林业、自然生态的变化、现状与问题

一　林业与林区的变化及现状

由于数十年来对林区的“取”远远大于“予”，甚或可以说，对林区的破坏远远大于建设，致使绥宁林业受到严重制约。就全县看，林木的生长、林区建设和全县的自然生态状况问题，已经出现了令人十分担忧的严重态势。

2010 年 9 月，在我们与一位县委主要负责同志的访谈中，他明确表现出对林区现况的担忧。他认为，绥宁县的主要矛盾，是保护林木、再不能砍伐下去，与老百姓生存所需、除了林木之外缺少其他挣钱手段之间的矛盾。

他说，绥宁原是个靠林业伐木就可取得经济收益的地方。但现在资源枯竭，不能再靠伐木赚钱。滥伐林木的恶果已经越来越显露。全县自然灾害近些年来十分频繁，除了黄桑坪自然保护区外，各乡镇都频发洪灾。只要一下雨，县里就睡不好觉，担心出现自然灾害。原因就是山地林木被过度砍伐，不能有效保持水土。即便是伐木后又补种，但效果与天然林大不相同。

以下是我们在调查中拍摄的几幅照片，这虽然远远不能反映全面，但大致可“管中窥豹”。

我们可以从绥宁县、乡、村三级的林木资源统计资料中看到该地区林业的总体状况。请见下列各表，它们分别从林地保有面积、林木蓄积、木材砍伐量、造林面积等方面，显示出该地区的林业变化状况。

图 3-1　一块被砍伐的山地，可以看到，被伐树木很细很小，估计为盗伐

图 3-2　树林被“全垦”后长出的幼苗

图 3-3　幼苗林。以上三幅照片，显示出动雷村现有山林中的林木很多是幼嫩的人工造林，这在该村林地中占很大比例

图 3-4　除了幼小的人工林外，动雷村山林中大量的林木如照片所见，又细又差，农民称之为“小老树”。这类树木等不到长大又将被伐

图 3-5　这些是动雷村长势较好的林木，但并不多见

表 3-1　　**绥宁县林地面积统计表**　　单位：亩

项目		1964年		1983年		1990年		2000年		2010年	
		数量	人均	数量	人均	数量	人均	数量	人均	数量	人均
林业地合计		3752686	19. 97	3401387	12. 11	3425120	10. 66	3114510	9. 18	3484500	9. 28
1 有林地		2699699	14. 37	2466273	8. 76	2695606	8. 39			2820000	7. 52
按用途分类	用材林	1961436	10. 44	1565544	5. 93	1966953	6. 12				
	经济林	143184	0. 76	172811	0. 62	164903	0. 51				
	竹林	195079	1. 04	329152	1. 17	368516	1. 15				
按树龄分类	幼龄林	166519		474146							
	中龄林	317945		395019							
	成熟林	1476972		696379							
2	疏林地	435215		203166		160505					
3	灌木林地										
覆盖率		65. 8		67. 5		68. 3		72. 3		74. 95	

说明：

（1）林业地包括有林地、疏林地、灌木林地。其中有林地有两种不同的含义。一种用按林木用途定义，分为用材林、经济林，以及竹林。另一种按树龄分类定义，分为幼龄林地、中龄林地和成熟林地。

（2）表中 1964 年、1983 年、1990 年数据系国家林业资源调查数据，之后调查未继续进行。2000 年数据系县、乡、村统计加以推算。2010 年数据来自《绥宁县统计年鉴（2010）》

（3）合计、小计均不等于小项数相加，另有其他小项未列入表内。

据表 3-1，1964—2010 年的 46 年间，全县林业地面积从 3752686 亩减少至 3484500 亩，减少了 268186 亩，即减少 7. 15%。因为数据不全，以下只能比较 1964—1983 年 19 年的数据，这期间有林地减少 233426 亩即 8. 6%，似乎不算太多，但是树龄结构却明显变化，成熟林从原占有用材林地总量（成熟林、中龄林、幼龄林之和）1961436 亩的 75%下降为占总量 1565544 亩的 44. 48%，幼龄林比例从占总量的 8. 49%上升到 30. 29%。反映出绥宁县林木被大量砍伐造成的成活林木材质量严重受损。

从林木蓄积量看，问题更显严重，按可比口径，1990 年较 1964 年下降 8470803 立方米，下降了 44%。这主要缘于成熟林的大量减少，从 1964 年的 15013100 立方米，占全部林木（幼、中、成林之合）的 86%，减少为 1990 年的 4403888 立方米，只占林木总量的 50%，见表 3-2。

表 3-2　　　　　　　　绥宁县林木蓄积统计表

单位：林木：立方米；竹子：根

项目		1964 年		1983 年		1990 年		2000 年		2010 年	
		数量	人均	数量	人均	数量	人均	数量	人均	数量	人均
立木总蓄积		19058000	101.43	10041755	35.76	10587197	32.96	13450220	39.65	15431000	41.09
树种结构	杉木	4830461 25.3%		3484255 34.7%		4070482 38.4%					
	马尾松	12500582 65.6%		3967782 39.5%		3371251 31.8%					
	阔叶树	1726957 9.1%		2589718 25.8%		3145464 29.7%					
树龄结构	幼林	总 17438000 261000 1.5%		总 8607215 1089710 12.7%		总 8771572 1172227 13.4%					
	中林	2163900 12.4%		2004028 23.3%		3195457 36.4%					
	成林	15013100 86%		5513477 64.1%		4403888 50%					
楠竹		21863500	116.4	36139150	128.7	44949490	139.93	47832840	141	53696500	143
经济林											

说明：

（1）表中 1964 年、1983 年、1990 年数据系国家林业资源调查数据，之后调查未继续进行。2000 年、2010 年数据系县、乡、村统计加推算。

（2）合计、小计均不等于小项数相加，另有其他小项未列入表内。

再查看木材砍伐状况。

表 3-3　　绥宁县历年商品木材采伐/销售统计

单位：木材：立方米　楠竹：万根

年份	木材	楠竹
1951	2500	
1952	9655	24.0
1953	55446	25.0
1954	33305	23.2
1955	54986	53.0
1956	64589	78.9
1957	80112	62.5
1958	78464	111.9
1959	182870	97.59
1960	184410	28.24
1961	61820	19.11
1962	96534	23.66
1963	99155	22.48
1964	124325	22.68
1965	116791	16.03
1966	128739	43.73
1967	159683	30.31
1968	163140	36.58
1969	133317	22.01
1970	104796	27.24
1971	176948	25.73
1972	206596	32.59
1973	226150	13.45
1974	204796	23.32
1975	207710	16.84
1976	189103	15.73
1977	175629	21.49
1978	222266	15.94

续表

年份	木材	楠竹
1979	274542	14. 52
1980	344470	31. 73
1981	265002	21. 77
1982	206575	33. 08
1983	221486	93. 08
1984	251908	26. 0
1985	255000	45. 51
1986	190129	34. 49
1987	200000	41. 47
1988	176692	42. 37
1989	152400	41. 0
1990	141045	40. 0
1991	180000	67. 0
1992	165000	90. 0
1993	130000	44. 0
1994	152100	100. 0
1995	208000	77. 0
1996	180000	250. 0
1997	190000	250. 0
1998	200000	280. 0
1999	200000	300. 0
2000	156300	213. 0
2001	180000	173. 0
2002	180000	152. 0
2003	213855	220. 0
2004	170000	400. 0
2005	222196	400. 0

资料来源：《绥宁县志》第二轮。

据表3-3可知，新中国成立后自1951年至2005年的55年间，全县总计采伐森林8950535立方米，年均162737立方米，是1951

年的 65.09 倍。又据数位县负责人谈话，据统计，至 2009 年，绥宁县累计向国家提供木材 2004 万立方米。如此，则相当于县志所载数据的 2.24 倍。这大约是一个估计，与县志数据差距颇大，仅供参考。

表 3-4　　绥宁县历年造林统计表　　单位：亩

年份	荒山造林	迹地更新①	四旁植树（万株）
1950	530	/	/
1951	1575	/	1.53
1952	1803	/	2.05
1953	5680	600	8.76
1954	7545	754	7.08
1955	15765	825	4.28
1956	24953	850	4.63
1957	9378	1000	2.05
1958	22141	504	10.50
1959	29266	800	9.41
1960	10790	2458	4.90
1961	3288	1760	1.35
1962	2180	700	5.33
1963	4202	900	2.36
1964	6704	1680	6.89
1965	8170	544	11.00
1966	21900	2015	16.25
1967	37440	8439	15.00
1968	66430	3600	6.60
1969	17699	1183	/
1970	23506	622	/
1971	16736	693	8.49
1972	158100	7592	12.0

① 迹地更新，指在山林树木全部砍光后的山地上，重新挖坑种树。

续表

年份	荒山造林	迹地更新	四旁植树（万株）
1973	70729	46500	6. 32
1974	58200	5500	17. 50
1975	41075	2200	11. 0
1976	33729	15700	5. 77
1977	25700	8975	12. 64
1978	25459	24774	9. 00
1979	13941	17275	12. 96
1980	18349	22342	15. 87
1981	12080	22092	12. 00
1982	16997	11010	15. 31
1983	44200	23600	65. 07
1984	45965	35552	39. 38
1985	19825	17572	28. 09
1986	26304	15640	/
1987	9998	19119	/
1988	32700	24500	/
1989	16800	35200	/
1990	12200	36500	/
1991	51600	15347	/
1992	6551	23079	64. 5
1993	3158	30093	65. 2
1994	4560	25650	80. 0
1995	3210	27990	67. 0
1996	5400	25125	60. 0
1997	2300	46275	36. 0
1998	1985	32216	27. 0
1999	2100	21470	70. 0
2000	2501	21534	70. 0
2001	2000	17697	70. 0
2002	20000	18173	68. 0
2003	35258	15140	60. 0

续表

年份	荒山造林	迹地更新	四旁植树（万株）
2004	38487	21285	63.0
2005	2013	38250	68.0
共计	1201155	796363	

资料来源：《绥宁县志》第二轮。

据表 3-4 可知，1950—2005 年的 55 年间，全县造林共计 1201155 亩，年均 21839 亩，为 1950 年的 41.21 倍。1978—1988 年，迹地更新 233476 亩，荒山造林 265818 亩，两者相差无几。自 1989—2005 年的 17 年间，迹地更新 451024 亩，大大超过荒山造林的 210123 亩，相当于后者的 2.15 倍。

我们不能仅凭造林数字，就认为这些人工造林可以弥补砍伐林木的损失。人工造林是不能全部有效成活的，造林面积远非实际成活面积。据老林农估计，当地造林的成活率分阶段性。荒山造林和迹地更新的成活率也不相同。大体说来，新中国成立后的 50—60 年代，造林成活率约 40%；70 年代的集体林场，大约为 60%；至 80 年代后，推广营造速生林，成活率上升至 90%。更大问题，是人工造林越来越多地采用了“全垦全育”方式，即将 16 年树龄之树全部伐光，然后种新树，再过 16 年又将砍光植树。其后果不是对自然生态的保护，破坏性却很大，可能远远大于现在人们的认识。县委的一位负责人就指出：即便是伐木后又补种，但效果与天然林大不相同。一是天然林是自然生态林，各类树木特别是阔叶树如杂木等，能有效吸收水分涵养土壤，而人工种植的杉树、马尾松等针叶林不能起到天然林的作用。二是人工林长成材要 20 年以上，而人工林都是新栽树，树小，远赶不上砍伐速度，而且植树 16 年就允许伐树。

表 3-5 至表 3-12 是乡、村的相应数据。

表 3-5　　　　党坪苗族乡林地面积统计表　　　　单位：亩

项目		1964 年		1983 年		1990 年		2000 年		2010 年	
		数量	人均	数量	人均	数量	人均	数量	人均	数量	人均
林业地合计		139890	22.92	113843	13.03	113685	11.54	115317	11.1	120834	10.9
其中	有林地小计	89535	14.67	104649	11.98	107637	10.73				
	用材林	85552	14.02	93324	10.68	89880	9.12				
	经济林	3444	0.56	7269	0.83	9091.5	0.92				
	竹林	462.6	0.07	995	0.11	2784	0.28				
	疏林地	24498		4476		1161.5					
树龄结构	幼龄林					3618.3					
	中龄林					4362.8					
	成熟林					15867.5					
覆盖率		88.23%		71.8%		71.45%		72.8%		74.36%	

说明：合计、小计均不等于小项数相加，另有其他小项未列入表内。

表 3-6　　　　党坪乡林木蓄积统计表

单位：林木：立方米；竹子：根

项目		1964 年		1983 年		1990 年		2000 年		2010 年	
		数量	人均	数量	人均	数量	人均	数量	人均	数量	人均
立木总蓄积		872500	142.96	479331	54.86	478600	48.59	446730	43.0	487784	44.0
树种结构	杉木			65626		73497					
	马尾松			363406		342058					
	阔叶树			28755		30457					
树龄结构	幼林	24900 3.19%				118538 25.1%					
	中林	362100 46.4%				259167 54.8%					
	成熟林	393700 50.4%				95365 20.2%					
楠竹		126900	208.0	109368	125.2	352970	35.8	384395	37.0	609730	55.0
经济林		35800									

说明：林木蓄积和林地面积表中的 1964 年、1983 年、1990 年各年数据为国家林业资源调查数据，2000 年、2010 年为县、乡统计数据。

表 3–7　　　　党坪乡历年商品木材采伐/销售统计表

单位：木材：立方米　楠竹：根

年份	木材	楠竹
1954	5100	/
1955	/	/
1956	/	/
1957	/	/
1958	/	/
1959	/	/
1960	/	/
1961	/	/
1962	6500	/
1963	6720	/
1964	7100	/
1965	7900	/
1966	8240	1006
1967	8820	2100
1968	8140	/
1969	7204	/
1970	5132	/
1971	6757	2580
1972	7208	/
1973	8010	4600
1974	7896	/
1975	7546	2793
1976	9228	10830
1977	9070	11269
1978	12836	2154
1979	13056	4370
1980	17000	2500
1981	5995	3422
1982	6720	46930
1983	8570	67880

续表

年份	木材	楠竹
1984	8370	5370
1985	8280	/
1986	8130	/
1987	7550	/
1988	7420	/
1989	6810	/
1990	4530	/
1991	7580	2206
1992	6520	/
1993	6200	/
1994	4520	/
1995	5801	/
1996	4900	/
1997	5300	/
1998	4700	/
1999	4500	/
2000	4130	/
2001	3910	/
2002	3860	/
2003	3410	/
2004	3500	/
2005	3300	/
2006	3060	/
2007	2490	/
2008	2380	/
2009	2290	/
2010	2300	/

资料来源：公社、乡统计年报、《乡政府工作报告》。

表 3-8　　**党坪乡历年造林统计表**　　单位：亩

年份	造林	其中速生丰产林
1954	246	
1955	392	
1956	852	
1957	700	
1961	101	
1962	790	
1963	850	
1964	220	
1965	800	
1966	1290	
1967	210	
1968	0	
1969	190	
1970	210	
1971	360	
1972	220	
1973	450	
1974	264	
1975	206	
1976	301	
1977	490	
1978	369	
1979	210	
1980	330	
1981	230	
1982	362	
1983	1658	
1984	1417.5	

续表

年份	造林	其中速生丰产林
1985	28	
1986	312	
1987	509	（始造）440
1988	1690	1534
1989	1050	1020
1990	816	802
1991	831	713
1992	804	804
1993	1102	799
1994	2192	2065
1995	1400	1297
1996	1830	
1997	2230	
1998	2120	
1999	1400	
2000	1500	
2001	1700	
2002	1820	
2003	1960	
2004	3140	
2005	2800	
2006	2130	
2007	1940	
2008	1730	
2009	1560	
2010	1490	

资料来源：据公社、乡统计年报、《乡政府工作报告》并推算。

动雷村的总体情况和全县基本相同，请见下列数表。

表 3-9　　动雷村林地面积统计表　　单位：亩

项目		1964年		1983年		1990年		2000年		2010年	
		数量	人均	数量	人均	数量	人均	数量	人均	数量	人均
林业地合计		12410	18.6	12330	13.2	12045	11.6	12185	11.23	12445	11.3
1有林地		11790	17.67	11714	12.54	11082	10.69	11292	10.41	11582	10.49
按用途分类	用材林					9863				10313	
	经济林					992				962	
	竹林					227				307	
按树龄分类	幼龄林					3236				3662	
	中龄林					4577				4877	
	成熟林					3243				3043	
2疏林地						645				605	
3灌木林地						298				258	
覆盖率											

说明：

（1）林业地包括有林地、疏林地、灌木林地。其中有林地有两种不同的含义。一种用按林木用途定义，分为用材林、经济林，以及竹林。另一种按树龄分类定义，分为幼龄林、中龄林、成熟林。幼龄林，指树龄在5年以下之林。中龄林，指树龄在5—16年之林。成熟林，指树龄在20多年之林。

（2）林木蓄积和林地面积表中的1964年、1983年、1990年各年数据为国家林业资源调查数据，2000年、2010年为推算数据。

（3）合计、小计均不等于小项数相加，另有其他小项未列入表内。

表 3-10　　动雷村林木蓄积统计表

单位：林木：立方米；竹子：根

项目	1964年		1983年		1990年		2000年		2010年	
	数量	人均	数量	人均	数量	人均	数量	人均	数量	人均
立木总蓄积	87030	130.5	46720	50.02	42619	41.1	43183	39.8	48685	44.1

续表

项目		1964年		1983年		1990年		2000年		2010年	
		数量	人均	数量	人均	数量	人均	数量	人均	数量	人均
树种结构	杉木					11268	10.87			17120	15.51
	马尾松					30861	29.76			30210	27.36
	阔叶树					490	0.47			1355	1.23
树龄结构	幼龄林					2261				7510	
	中龄林					4119				23135	
	成熟林					36239				18040	
楠竹											
经济林											

说明：林木蓄积和林地面积表中的1964年、1983年、1990年各年数据为国家林业资源调查数据，2000年、2010年为推算数据。合计、小计均不等于小项数相加，另有其他小项未列入表内。

表3-11　　动雷村历年商品木材采伐/销售统计

单位：木材：立方米　楠竹：根

年份	木材	楠竹
1962	985	
1963	1044	
1964	1240	
1965	1833	
1966	992	
1967	795	
1968	690	
1969	472	
1970	983	
1971	1102	
1972	1034	
1973	987	
1974	1165	
1975	1022	

续表

年份	木材	楠竹
1976	910	1976
1977	776	1977
1978	892	1978
1979	770	1979
1980	1015	
1981	870	
1982	933	
1983	1082	
1984	1076	
1985	1100	
1986	977	410
1987	896	900
1988	696	816
1989	976	894
1990	1053	968
1991	1130	772
1992	1014	492
1993	1015	
1994	1037	
1995	936	
1996	647	
1997	646	
1998	718	
1999	754	
2000	692	633
2001	389	1192
2002	1011	
2003	472	
2004	339	
2005	301	
2006	289	

续表

年份	木材	楠竹
2007	352	390
2008	279	310
2009	331	580
2010	353	660

资料来源：1994 年前为乡、村统计年报，1995 年以后为推算数。

表 3-12　　动雷村历年人工造林统计表　　单位：亩

年份	造林	其中速生丰产林
1954	7	
1985		
1986	14	
1987	46	
1988	270	270（开始造）
1989	592	560
1990	652	652
1991	333	301
1992	586	383
1993	613	436
1994	413	/
1995	381	/
1997	396	/
1998	301	/
1999	308	/
2000	319	/
2001	400	/
2002	359	/
2003	334	/
2004	368	/
2005	392	/
2006	401	/
2007	262	/

续表

年份	造林	其中速生丰产林
2008	276	/
2009	286	/
2010	234	/
共计	8543	

资料来源：1994 年前为乡、村统计年报，1995 年起为推算数。

进入 21 世纪以后，动雷村党支部、村委会围绕县委县政府建设生态经济大县的总目标，进行了不少努力，主要有：一是加快人工造林、迹地更新和封山育林。仅 2005 年，全村人工造林 392 亩，迹地更新 427 亩，封山育林 110 亩，四旁植树（竹）490 株。二是大力推进退耕还林，从 2002 年开始至 2005 年止，全村共退耕还林 393.7 亩，扩大了林地面积，增加了林木蓄积量。凡属退耕还林地块须经省退耕还林办验收合格后，每亩每年补助造林费 210 元、生活费 20 元，用材林补助 8 年，经济林补助 5 年，使林农增加了收入。三是努力提高科技水平，相继实施了杉木林速生丰产、杉木大径材培育、毛（楠）竹和油茶“低改丰”等多项科学技术，加快了林木和林产品的生长且提高了质量。四是大力发展非林生产项目：2009 年起开发被称为“南方人参”的绞股蓝茶叶，当年试种 220 亩获得成功。2010 年增加到 360 多亩。又如采野生菌，市场非常抢手，一般 50—60 元/公斤，为林地草地上自生，全村年产 1500 公斤。继续大力发展传统的生姜蔬菜种植和生猪家禽养殖。五是抓住国家加大农村道路通达、畅通工程投资的机遇，加大拍卖青山的力度解决道路硬化的自筹资金，2007—2010 年全村共拍卖 460 余亩青山，建设了 8.7 公里水泥路，大大改善了全村交通条件，加快了新农村建设进程。六是对全村山林进行定权发证工作。

无疑，动雷村以上的工作对林区存在的问题是有所改进的，但从新中国成立以来至 2010 年 61 年的长时段观察，动雷村的山林发展虽局部有所改善，但长期存在的问题的严重性远远超过了取得的成绩。在 1964—2010 年的 46 年中，人均林地从 18.6 亩减至 11.3 亩。人均林木蓄积量从 130.5 立方米减至 44.1 立方米。

在 1990 年至 2010 年的 20 年中，虽然经贯彻中央“退耕还林”政策，动雷村恢复了大量林业用地，但是林木要恢复到生态平衡状况是不可能短期奏效的。加以主要依靠“全垦全育”的人工造林方法，致使现存林地林木出现的主要问题是成林大面积减少。按照上述村统计资料，全村林地中，成熟林减少约 200 亩。而幼龄林则增加了 436 亩。但这个统计数很难说有多少准确率。我们有必要从另外一项统计即砍伐出售商品木材的数量中加以佐证。

从砍伐量看，1964—2010 年的 46 年间，该村共砍伐出售木材 41071 立方米，以每亩成材林可生长 8 立方米计，相当于 5134 亩成熟林被砍伐。虽然林地被伐后植树还会再次进行，但即便植树成活率达 100%，以 20 余年成材率计，也只能够砍伐两次。按照这个最大限度估算，动雷村的成熟林地至少减少了 5134 亩的一半，即减少了 2567 亩。这就远远超过了全村从 1964 年有林地 11790 亩至 2010 年有林地 11582 亩，只减少了 208 亩的数据。这直接导致木材蓄积量大幅减少，林木质量整体下降。

现在，山上的成熟林主要生存于社员自留山中，集体山成材林已不多，残存于边远山区。

虽然公布有“边砍边造、造管结合、重在管护、青山常在、永续利用”的方针，但用材林（杉、松、阔）是生长周期长、见效慢的林种，要求它速生丰产，特别是人工造林，完全违背自然生长规律，所以长出的材又细又嫩，因而树径小，材质差。加上 16 年左右一次“全垦全造”，使森林植被遭到破坏，造成水土流失。山上的树成了“小老树”、“浅根树”。竹树方面，因用途广阔、需求量大，价格较大提高，人们比较重视起来，部分农户对原有竹林进行垦复，现仍有 15000 根的保有量。油茶树，树龄老化，荒芜严重。1958—1966 年，全村有“光茶山”（指年年垦复修剪的油茶山）1200 亩。1981 年大田责任到户后，80%的户至今基本未垦复，有的还砍掉油茶树种柑橘树。大量的油茶树树枝稀、树皮老，被松、杉、杂树挤压，产量少，出油率低，一般好年成亩产茶油 2—5 公斤，干籽出油率 20%—28%。油桐林则走向衰落，1965 年全村约有 300 多株，现在不到 200 株，主要是认为油桐树寿命不长，结籽少，出油率低，加之现在一般不用桐油油农具、刷家具，因而任其“自生自灭”。

以上已清楚显示出动雷村林业的问题很令人担忧。该村所取得的一些成绩虽然可喜，但远远不能遮盖问题的存在和扭转恶化的趋势。这是多年来人们对大自然和林木的索取远远超过保护和培育的必然结果。

二　森林变化的自然生态后果

瑞典著名生态学家阿尔夫·约翰尔斯说过：“森林是一个生态系统，它存在于一定的条件下。如果你改变了这种条件，这个系统也随之变化。”其后果也就不堪设想。目前，绥宁县、党坪乡、动雷村的森林生态现状是：森林面积表面不减，实际因建设和其他损毁大为减少；森林生长量超过砍伐量，实际林木总蓄积量大为减少；森林覆盖率虽有增加，实际覆盖质量在降低。林木遭受破坏造成了严重后果。

1. 自然灾害频繁，环境呈恶化趋势

森林是水土的“卫士”，能强有力地涵养水源，保持水土。森林被破坏，地面失去覆盖，土壤结构变坏，减弱了土壤渗透水分的能力，增加地表径流，一遇大雨，连水带土下泄，久而久之，密林变疏林，疏林变荒山，最后变成不毛之地的“剥皮山”（或叫“光秃山”、“和尚头”）。1970 年水波界 20 多亩的成材林砍光后，用老办法造林苗子大多死光，结果这块地一直是茅草丛生，一下大雨，山下的田里、地里流满黄泥浆。就是现在按新办法“全垦全造”，第二年仍有黄泥浆下泄。至今全村被山洪冲刷岩土堆占难以恢复的稻田面积达 50 余亩。堆坏的过水圳 90 多条、1600 多米长。水土流失、山洪危害已成为山区农村农业生产中的一大人为障碍。

村内地形高低悬殊不大，因而水差势能有限。但清代民国和 20 世纪 50 年代，由于森林茂密，生态完好，这里是“一年四季溪流响，田间吉口水长流，大小井氹水满溢，十有九年粮丰收”的富水地带。只是 20 世纪 70 年代以来，由于过量砍伐森林，超限开挖山土，山火烧毁森林和整个大气候反常等原因，造成“十年有七年干旱三年洪涝”。至今还有 20 多户无法架设自来水，靠肩挑背负用水。干旱时节，有的要到距家六七里的井氹去挑水。

近年连续干旱灾害不仅使作物失收、人畜饮水困难，还导致山林火灾易发。动雷村许多老农反映，历史上四季溢水的井氹，自从周围的森林砍光后，近几年出现干冬。过去常年有水的冲头井水田现在变成了干田。村前的小溪，过去深水潭较多，现在因泥沙淤塞，挽起裤脚就能涉水过溪。就连夏秋落阵雨，也都是大面积森林茂密的地域多得雨。多年的暖冬诱发森林害虫和作物病虫害爆发，并产生了抗药性，增加了生产成本，还影响到人的身体健康。

空气质量下降。由于森林衰竭体现在树木较前明显稀疏，主要是树木轮伐过频，形成覆盖浅、树木小、山土瘠、长势慢，已挡不住日益严重的大气污染。每到打农药的时节，一个人背着喷雾器在稻田或菜园打农药，几十米上百米远就能闻到农药的毒臭气，而且这种毒臭气要经过 4—5 小时后才能散退。一逢下雨，雨水拌合农药水从田园流入溪河，毒死河里的鱼、虾、鳅、螺等生物。很多山冲小溪小涧，流量小、弯度多、流程长，常年没有清淤，很多沉积的污泥秽水在阳光暴晒下散出污浊难闻的臭气。所有这些空气污染，成了危害人们健康的“隐身杀手”。老农陈历泗说，以前我到山上呼吸空气是甜的，现在再也没有吸到过了。

更严重的后果是，由于森林大面积砍伐，剥去了大地的绿色保护层，毁坏了大气中的小循环系统，打乱了自然规律的正常运行。近20年来发生的水、旱、冰冻、火灾等重大自然灾害超过前40年次数和严重程度的总和，尤其是百年不遇的2001年6月19日和2008年5月28日震惊中央、省、市的山洪地质灾害和2008年1月的特大冰雪灾害，都使绥宁灾区人民生命财产蒙受巨大损失。

绥宁县气象站工程师曾对该县30余年暴雨、山洪造成的严重灾害进行过详细记录和专业分析①：

1979年6月21日，长铺镇、东山乡大暴雨，长铺降水量104.9毫米，东山68.2毫米。27日，金屋乡暴雨，两小时降雨量达150毫米，酿成巨大灾害。瓦屋塘、水口、黄土坑等乡也受灾。

1983年6月2日：武阳、李西、唐家坊、枫木团等地山洪暴发，武阳7小时降水量117.3毫米；14日东山、朝仪大暴雨，12小时降水量185毫米，损失1570万元。

1984年5月30—31日，全县各地大暴雨，12小时降水量184.9毫米，造成经济损失1802万元。

1986年6月2日：水口、联民、枫木团发生山洪，22日全县又出现暴雨。巫水上涨3.93米。

1986年6月22日，本站雨量82.0毫米，武阳、李西、河口、寨市、枫木团、乐安、唐家坊等17个乡镇普降暴雨或大暴雨，18万人受灾，损坏房屋20间，倒塌10间，农作物受灾面积11449亩，其中中稻11235亩，损失木材523立方米，损坏河坝1530米，损坏公路15公里，桥梁24座，总经济损失244.3万元。

1988年6月22日：大暴雨，金屋、瓦屋、梅坪等乡共31个村227个组4294户，19890人受灾，死1人，冲坏房屋4400间，9250亩稻田受灾，冲毁渠道1265米、河坝959米、桥梁36座，冲倒电杆61根，总经济损失121.4万元。

1988年9月3日：长铺、东山、黄桑、双河等15个乡镇出现

① 参见何广丰等《气候变暖与我县暴雨灾害》、《湖南绥宁地质灾害成因浅析》。

大暴雨山洪，损坏房屋98栋，倒塌房屋35户，9892亩农田受灾，冲垮小二型水库1座、山塘10口，毁坏公路313公里、桥梁60座。

1989年5月9日，11个乡受山洪袭击，损坏房屋53间，冲垮田、塘1340处，28200亩农田作物受灾，2610亩中稻田受灾，损失239万元。

1990年5月29—31日，全县连续暴雨，死1人，重伤5人，损坏房屋1400间，冲毁房屋66间，48000亩农田作物受灾，毁坏河坝6200米，冲垮山塘21口，经济损失400万元。

1991年：8月8日，县南部普降大暴雨，县城雨量182.7毫米，东山165毫米，1小时最大降水量达99毫米，其强度之大、来势之猛属历史罕见。全县16个乡镇、179个村普遍受灾，重灾人口2.5万人，特重灾人口8600人，死亡1人，伤32人，倒塌房屋189间，损坏房屋3120间，良田成灾面积3.4万亩，倒电杆345根，断桥740座，冲坏公路1800处，冲毁山塘140处、河堤3600处、渠道9500处，冲走木材910立方米，死亡大牲畜34头，冲走家禽2600羽、鱼360万尾，损失化肥240吨，经济损失达804万元。

1992年：6月6日凌晨1时30分左右，金屋乡遭受暴雨山洪袭击，暴雨从凌晨一直下到下午5时，24小时降水量达207.6毫米，砖屋、雄鱼、鱼鳞等5个村受灾严重，倒塌房屋75间，水稻受灾面积3440亩、成灾1670亩，西瓜受灾60亩、成灾30亩，死猪2头，冲走鱼30万尾，冲毁河堤、渠道87处，毁坏公路一处，倒电杆18根，经济损失45万元。

1993年7月4日，全县普降暴雨，雨量76.2毫米，过程雨量193.8毫米，18个乡镇受灾，重伤13人，损坏房屋8723间，倒塌房屋95间，受灾面积9.8万亩，冲毁河堤、渠道92处。总经济损失1634.3万元。

1993年8月1日20时—8月2日8时，金屋乡降水量220.7毫米，重伤1人，损坏房屋382间，倒塌房屋83间，水稻受灾2560

亩、绝收 250 亩，死猪 27 头，冲毁河堤、渠道 1 处，冲毁公路 3 处，毁坏公路桥 23 座，经济损失 500 万元。

1993 年 8 月 7 日凌晨 3 点到 11 点，联民、水口等乡降水量 250 毫米，死亡 2 人，重伤 2 人，轻伤 48 人，损坏房屋 616 间，倒塌房屋 124 间，受灾面积 1. 8 万亩，粮食作物受灾 1960 亩，经济作物受灾 16. 04 万亩，损失木材 156 立方米，死牛 16 头、猪 46 头，冲走鱼 1. 08 万尾，冲毁河堤、渠道 17 条，冲垮山塘 36 口，冲毁小水电站 1 座，毁坏公路 26 处，翻车 1 辆，倒电杆 46 根，损失 2200 万元。

1993 年 8 月 13 日晚，李西乡连降两个小时特大暴雨，雨量达 150 毫米以上，重伤 1 人，轻伤 10 人，损坏房屋 69 间，倒塌房屋 10 间，粮食作物受灾 1. 5 万亩，死猪 6 头，冲毁河堤、渠道 2 处，毁坏公路桥 10 座，倒、断电杆 14 根，经济损失 150 万元。

1994 年 5 月 24 日，遭受历史上罕见的特大山洪灾害，山洪暴发范围广，灾情损失大，其中黄桑乡日最大降雨量 240 毫米，过程雨量 290 毫米，4 小时降水量 121. 7 毫米。全县死亡 2 人，重伤 4 人，轻伤 209 人，损坏房屋 19685 间，倒塌房屋 2712 间，受灾面积 18. 3 万亩，成灾 8. 4 万亩，损失木材 2517 立方米，死牛 250 头，死猪 270 头，冲毁河堤、渠道 178. 2 公里，冲垮山塘 240 口，冲毁水电站 4 座，毁坏公路 6950 处，倒电杆 344 根、断线 13 处，直接经济损失 6192 万元。

1994 年 7 月 18 日，全县遭受暴雨山洪袭击，由于前期雨量多并造成山洪暴发。日最大雨量 76. 5 毫米，过程雨量 107. 3 毫米，全县 29 个乡镇受灾。死亡 2 人，重伤 3 人，损坏房屋 8715 间，倒塌房屋 948 间，冲淹现粮 24. 3 吨，成灾面积 20. 6 万亩，粮食作物 9. 1 万亩，绝收 1. 6 万亩，损失木材 1215 立方，死牛 100 头，死猪 171 头，冲毁河堤、渠道 3. 2 公里、毁坏小电站 2 座，毁坏公路 58. 8 公里、桥梁 614 座，倒电杆 105 根，直接经济损失 3495 万元。

1994 年 7 月 24 日全县降持续性大到暴雨，最大日雨量 120 毫米，过程雨量 210 毫米，白玉、盐井等 24 个乡镇受灾，重伤 9 人，轻伤 134 人，损坏房屋 450 间，倒塌房屋 70 间，冲走鱼 1000 万尾，冲毁河堤、渠道 38.4 公里，毁坏小电站 4 座、水泵 15 座，毁坏公路 61 公里，冲毁桥梁 214 座，倒、断电杆 94 根，直接经济损失 4103 万元。

1994 年 8 月 5 日夜间到 6 日下午，全县普降暴雨，县城雨量 103.0 毫米，全县 29 个乡镇普遍受灾，重伤 4 人，轻伤 97 人，损坏房屋 7923 间，倒塌房屋 786 间，冲淹现粮 4 吨，受灾面积 12.4 万亩、粮田 3.1 万亩，损失木材 51 立方米，死牛 9 头，冲毁河堤、渠道 37.4 公里，毁坏公路 146 处，毁坏桥梁 196 座，倒、断电杆 75 根，直接经济损失 2500 万元。

1995 年 6 月 26 日凌晨至下午 3 时，全县普降特大暴雨，县城长铺雨量 179.8 毫米，瓦屋 232.9 毫米，灾情北面重于南面，死亡 6 人，重伤 15 人，轻伤 272 人，损失房屋 18945 间，倒塌房屋 1280 间，冲淹现粮 261 吨，受灾面积 27.1 万亩，成灾 13.6 万亩，粮食受灾 21.2 万亩，成灾 11.3 万亩，损失木材 1625 立方米，死牛 157 头、猪 989 头，冲毁河堤、渠道 240.1 公里，毁坏小水电站 5 座，毁坏公路 2461 处，翻车 19 辆，倒电杆 473 根，直接经济损失 11600 万元。

1996 年 7 月 13—18 日，全县洪涝：6 天总雨量 367.6 毫米，造成 7 人死亡，农作物受灾面积 567 公顷，成灾 249 公顷，绝收 40 公顷，损坏房屋 4947 间，倒塌房屋 3219 间，冲淹现粮 254 吨，冲毁河渠、堤坝 2400 条、232 公里，冲垮山塘 5110 口，毁小水电站 1 座，毁公路 124 公里、桥梁 195 座，倒电杆 314 根，总经济损失 4.08 亿元。

2000 年 5 月 26 日，全县普降大暴雨，县城日雨量 169.2 毫米，过程雨量 213.3 毫米，由于暴雨范围大，时间短，全县普遍受灾，受灾人口 18.4 万人，损坏房屋 4234 间，倒塌房屋 319 间，农作物受灾 17 万亩、成灾 5.6 万亩，死猪牛 310 头，毁坏公路 161 公里，倒、断电杆 359 根，经济损失 10790 万元。

2001 年 6 月 9 日夜间，北部金屋、瓦屋等乡遭受暴雨袭击，金屋 12 小时雨量 122.0 毫米，瓦屋 108.2 毫米，河口 71.5 毫米，雨带呈东北—西南向，由于强度大，迅速造成山洪暴发、山体滑坡，18 个乡镇受灾，损坏房屋 1680 间，受灾面积 26 万亩，成灾 9.66 万亩，死猪 1570 头，冲毁河堤、渠道 116 公里，冲垮山塘 84 口，毁小水电站 3 座，中断交通 40 小时、断线 37 公里，经济损失 1240 万元。

2001 年 6 月 19 日 20 时—20 日 8 时，宝顶山附近的金屋、水口、枫木团、联民、武阳乡镇遭受百年不遇的特大暴雨山洪袭击，由于前期雨水多，并已成灾，河口 12 小时日雨量达 313.0 毫米，造成大范围山洪暴发、山体滑坡，重灾 12 个乡镇，死亡 124 人，损害房屋 2433 间，倒塌房屋 2433 间，冲淹现粮 1500 吨，受灾面积 26.9 万亩，成灾 16 万亩，粮食绝收 9.6 万亩，死猪 3.2 万头，溃塘坝 1240 个，冲毁河堤 3000 处、计 1200 公里，毁坏小水电站 13 座，冲毁泵站 23 座，毁坏公路 23 条、851 公里，中断交通 240 小时、断线 434 公里，中断通信及通邮 96 小时，直接经济损失 5.6 亿元。

2003 年 5 月 15 日，日雨量 65.0 毫米，过程雨量 165.6 毫米，全县 13 个乡受灾，受灾人口 5.18 万人，毁坏公路 322.8 公里。经济损失 1718.8 万元。

2004 年 7 月 11 日，局部暴雨，金屋、梅坪乡出现大暴雨，6 小时雨量 97.0 毫米，损坏房屋 6 间，受灾农作物面积 350 亩，冲毁桥梁 4 座，倒、断电杆 15 根。

2004 年 7 月 20 日，最大日雨量 118.9 毫米，全县 12 个乡受灾，损失房屋 688 间，受灾面积 10 万亩，冲毁河堤、渠道 89 公里，冲垮山塘 109 口，冲毁小水电站 2 座，毁坏公路 194 公里，桥梁 65 座，倒电杆 100 根、断线 63 处，直接经济损失 8200 万元。

2006 年 5 月 6 日暴雨，本站日降水量 90. 4 毫米，全县大范围暴雨，受灾面积 3400 公顷，绝收 220 公顷，损坏房屋 3050 间，农业经济损失 1550 万元，全县总经济损失 7368 万元。

2006 年 5 月 26 日，局部暴雨：其中唐家坊镇 123. 6 毫米，水口乡 109. 9 毫米，麻塘乡 105. 9 毫米，枫木团乡 99. 8 毫米，全县损坏房屋 2450 间，受灾面积 8150 公顷，成灾面积 7620 公顷，绝收 530 公顷（农、林、牧损失 3780 万元），中断交通 19 条次，损坏公路 115. 2 公里，损坏电力线路 5. 01 公里，损坏通信线路 2. 136 公里（公路、交通损失 1293 万元），损坏堤防 2300 处、长 2412 公里，水坝 193 座，河堤、渠道 1213 处，电站受损 4 座（水电总损失 7058 万元），共造成经济损失 12256 万元。

2007 年 6 月 25 日，全县大部分乡镇普降暴雨，部分达到大暴雨，16 个乡镇 195692 人口受灾，农业受灾面积 10494 公顷，成灾面积 4950 公顷，绝收 1498 公顷。倒塌房屋 1325 间，死亡大牲畜 122 头，公路中断 366 条次，毁坏路基 509 公里，毁坏输电线路 146. 7 公里、通信线路 2. 35 公里，损坏堤防 751 处 345 公里，雷击造成李西镇一村民死亡，当场被雷电击死耕牛 2 头。这次暴雨造成全县总经济损失 1. 7887 亿元。

2008 年 5 月 28 日 0 时 30 分至 2 时 30 分，全县普降大到暴雨，局部地区大暴雨。降雨时间短、强度大、来势猛，为历史之最。全县 25 个乡镇不同程度受灾，其中长铺镇、关峡乡、长铺乡、党坪乡、竹舟江乡严重受灾。县城有一半地方被洪水淹没，洪灾造成受灾群众 19. 6 万人，被困群众 10. 8 万人，2 人失踪，1 人死亡。因灾倒塌房屋 2100 间，损坏房屋 16435 间。长铺乡田心村六、七组 30 多座房屋被山洪全部冲走。冲走大牲畜 3500 多头，农作物受灾面积 15 万亩，成灾面积 7 万亩，绝收面积 2 万多亩。交通、通信、电力线路受到严重摧毁。S221 省道全线中断，大部分乡镇电力、通信中断。据不完全统计，洪灾造成直接经济损失达 5.1 亿元。

2008 年 6 月 8 日，全县普降大到暴雨，局部地区出现大暴雨，7 个乡镇降大暴雨，其中长铺雨量 113.3 毫米，1.7 万人受灾，倒塌房屋 21 间，345 公顷农田受灾，死亡大牲畜 62 头，农业损失 173 万元，损坏小水电站一座，暴雨造成总经济损失 208 万元。

2010 年 6 月 17 日 3 时到 6 时，普降暴雨，造成 18 个乡镇受灾，受灾人口 24.5 万人，因房屋倒塌死亡 1 人。全县农作物受灾面积 12810 公顷，倒塌房屋 2435 间，紧急转移人员 82500 人，不完全统计，直接经济损失 11.5 亿元。

2010 年 6 月 24 日大暴雨：全县受灾人口 6.7 万人，转移 32180 人，农作物受灾面积 690 公顷，成灾 470 公顷，倒塌房屋 1210 间，总经济损失 1.52 亿元。

表 3-13　　2001—2010 年绥宁四次特大暴雨山洪基本情况表

年份	2001	2008	2009	2010
时间（日/月）	19/6	28/5	9/6	17/6
最大日雨量（毫米）	313	289	223	215
死亡和失踪人数（人）	124	3	13	1
总经济损失（亿元）	5.6	5.1	12.2	11.5

县气象站的专家们认为，暴雨、山洪造成的重大地质灾害发生，与该县森林面积减少有着密切关系。

由于绥宁县是林区，县财政收入大多依靠木材，企业也大多是木材加工类，一般的税收依赖木材收入。随着砍伐的深入，木材资源越来越少。由于经费严重不足，特别是基层林业工作者工资待遇得不到保障，因而对森林资源的维护做得较差。近年来，随着气候不断变暖，生态受到严重破坏，自然灾害越来越频繁，2001 年的“6·19”、2008 年的“5·28”、2009 年的“6·09”及 2010 年的

“6·17”特大地质灾害都给该县人民生命财产造成严重损失。

县委县政府提出：加大对全县生态保护已迫在眉睫，要对现有的森林资源和湿地做进一步的调研，提出天然林、水源林、防护林的保护和建设方案，加大封山育林、植树造林与退耕还林力度，建立森林保险、林地流转、森林生态效益补贴等机制，改变绥宁财政对森林资源的依赖，更好地保护森林资源，这样才能降低暴雨造成的严重地质灾害，更好地保护人民生命财产，造福于人民。

2. 资源逐渐衰竭

主要表现为：

其一，森林的减少导致整个森林群落的衰灭。按植物的生长类型，森林群落通常可分为四个基本层次，即：乔木层、灌木层、草本层和地被层，每一个层次都有一定的植物种类。此外，一些藤本、附生、寄生植物依附于各层次的植物体上，成为层间植物。据了解，近20年中，仅动雷村就消失80多种树木，这使以树木为依附的其他各层次的植物失去生存的基础，导致整个森林群落的逐步消失。另外，茂密的森林和复杂的植物群落，为各种野生动物提供了理想的栖息繁殖场所和丰富的食源。过去，动雷村的山羊、野猪、豹子、穿山甲、野兔、野鸡、竹鸡、山雀、杜鹃、锦鸡、喜鹊、啄木鸟、山麂等鸟兽和蛇类相当多，现在很少了。其中，锦鸡、山羊、豹子、穿山甲几乎绝迹。许多老农说，过去屋前屋后一天到晚闻鸟叫，现在没有鸟叫，老鼠倒是越来越多。因为森林被破坏，鸟类蛇类无处藏身，天敌减少，老鼠繁殖加快，生态失去平衡，起了连锁反应。

其二，土壤肥力减退。

动雷村曾因“三光积肥”、“林中烧灰”和现在的“全垦全造”，造成相当部分山体由于森林覆盖少或基本失去覆盖，且多为花岗岩发育而成的红色沙壤土，雨水侵袭，表土流失，腐殖质很少甚至全无，剩下的红色心土和石英砂质母质裸露，肥力严重减退。

主要表现在：耐瘠薄的杉树、松树长势很差；阔叶树则站不住脚，甚至连杂草也生得稀、长得慢。到处都有明显的比较。山湾里肥土层厚生的树木与瘠薄的山岭山梁上生的树木要相差5—10个年份，即肥土树三年胜过瘦土树八年。一些老干部说："现在山越来越矮（指大径材太少，而且一到中林就拍卖砍伐），树越来越细（都是中幼林），水越来越少（山不能贮林、涵养水源）、空气越来越差（林少新鲜空气少），子孙要骂娘的！"如果不加强施肥、松土、砍杂草等管护措施，这些树永远是"小老树"，无论经济效益和生态效益都大打折扣。

第三节　问题产生的原因与教训

绥宁林业资源兴衰交替、几经沧桑，主要是人为因素造成的。从根本上看，这是人为了自身利益将山林作为直接获利来源的不可避免的结果。在政策变动和利益诱使下，人们失控和不择手段的过量砍伐难以避免，加上自然灾害的侵袭，很易造成无法挽回的损失。另一重要方面，是人类对如何正确对待和维护山林自然生态的认知十分缺乏，因而违背自然规律，往往做出错误的"多砍少造、边砍边造、重砍轻造、重造轻管"行为，导致对山林生态受到长期性和根本性的破坏。

一　把林木视为主要财源取用

俗话说："靠山吃山"。从绥宁县、乡、村三级政权和三方面的民众眼中，山区的林木都是十分重要的财源之一。以下仅以县财政、县工业企业两方面来考察。

绥宁县是传统的林区县，长期以来，林业是经济的基础和支柱。大致说来，林业产值约占GDP的68%、财政收入的70%，农民收入的60%直接或间接来源于林业，县内90%以上的工业企业是以竹、木为原材料的加工业。由于生产消耗大、培育周期长，林木越砍越少、越砍越小、越砍越远，林业经济效益越来越低。

1. 木头财政

长期以来，绥宁县财政被称为“木头财政”，直接或间接的竹木税收是县财政收入的主体。计划经济体制下，绥宁因为卖木头，县财政40年无赤字。数据显示，竹木税收多的年份，县财政日子就好过，竹木税收少则县财政日子吃紧。

竹木税收主要体现于工商税中的产品税和县办企业收入。1951—1974年，木材产品税在销地纳税，绥宁县所得仅占工商税收的8.7%。1975年改为在产地纳一部分税，1976年的木竹产品税由上年的23.7万元增至69.5万元，占当年工商各税的比重由上年的12%上升至29%，成为县内重要税源。1984年工商税制进行全面开放，产品税从工商税中征收，其中木竹产品税占当年产品税的21.7%。随着木材价格的开放和税制改革的深化，从1985年11月起，国家将木竹产品税收改为全部在产区按收购金额征收，当年征收金额占产品税的75.2%。1976—1990年的木竹产品税在同期各税中的比重上升至27.1%。1984—1990年各种产品税征收总额占同期工商各税总额的35.5%；其中木竹产品税占产品税的76.45%。1985年，根据中央、省、市指示，县人民政府对木材和竹类产品征收农林特产税。原木按征收价8%计征，木制成品折成原木计征；楠木每根按1元计征，杂竹每50公斤按4元计征。竹副成品折成原竹计算：税率一律为5%，同时按应纳税额征收14%的附加；当年共征收95.1万元。1987年征收117.6万元，占当年县财政收入的7.1%；1990年征收216万元，占当年财政收入的7.1%。以上是木竹直接收入。县办企业和引资企业的上缴税费中，凡属以木竹为原材料加工或流通的都归于木竹间接收入。

据对县林业局的采访，国家政策调整后，特别是林业税费政策“一金两费”的调整，给财政带来巨大影响。按2007年基础计算，免征原竹原木税收后，县财政直接减少财力 2501. 28 万元；免征育林基金，财力减少 4101 万元。相反，以前从育林基金列支的林业职工的行政事业经费 3400 万元要全部纳入财政核拨，减收和增支产生 10002 万元的巨额差距，打破了绥宁 40 年无财政赤字的神话。国家林业项目资金扶持政策出现的偏差，对那些林业生态破坏越严重的，项目资金支持力度越大，大量资金投入到生态荒漠化、石漠化的恢复项目中，而对于现有林业生态保护的投入力度则大大减少。绥宁因为林业生态总体比周边县好，不仅没有得到奖励和进一步有效的资金支持，而且获得的资金要远远少于周边生态恶化较严重的县，这大大挫伤了绥宁广大林农进行生态建设的积极性。国家生态公益林补偿金每亩 5 元、10 元的补偿标准，没有考虑到林业地区间的差异。

据 2010 年县林业局反映，全县年财政支出约 4. 3 亿元，财政收入 1. 7 亿元，财政转移 1 亿多元，有巨额缺口。为了平衡财政，满足需要，不得不砍树。

2. 绝大多数企业以木材为原料

绥宁县的大中小企业，90%以上都是以木竹为原料的加工或制造企业。尤其以绥宁县联合造纸厂为龙头老大。该厂 1986 年建成投产，1995 年，该厂发展到拥有总资产 7800 万元，在职职工 580 人，年产纸浆纸袋 2 万吨，年产值过亿元，税收 1000 万元，被评为湖南省工业百强企业。2000 年以前，该厂原料专靠木材，5 条生产线年消耗木材可达 15 万立方米，全县还有几十家吃木材的中小企业，原料供应非常紧张。工厂缺料停产一天损失几十万。每年因待料停产一般 1—2 个月，损失巨大。但由于造纸企业每年上交的税金是县财政主要的来源，而且能够解决当地上千人的就业问题。因而这些高耗能、高污染的企业在当地大规模地发展起来。据报道，当地某些造纸厂使用的木材中有很大部分是“黑木”——从周边县市购进的没有运输证的木材。大量采购黑木的结果是造成国家税费大量流失，使本县及周边县市林政资源遭到破坏。据邵阳市林业局不完全统计，仅 2001 年该县某些造纸厂所购黑木流失的税费在 1000 万元以上，由于多年采伐森林，该县马路两边、交通方便的地方已无林可采（《新京报》记者王蓉 2001 年曾经报道过此事）。

造纸企业消耗大量木材又造成环境污染。

2000 年后，为了解决这一供需矛盾，绥宁县联合造纸厂除保留一些木竹加工项目外，另辟蹊径，向水电和非木竹行业进军开发，使整个企业转型升级增效。这在某种程度上缓解了对木材的消耗量。但是，全县主要企业仍然是建立在以森林竹木为基本原料的基础上。县委县政府新辟的袁家团工业园区，2010 年止已有 12 家大中型企业进驻，其中联合造纸、佰龙竹木、力马画材、豪鼎板业、丰源竹木等竹木精深加工企业达 10 家。特别是引进的全球最大集装箱生产商中集集团，将加速绥宁工业园区的竹木产业发展。为解决这些企业的竹木原材料，县委县政府专门出台了一系列优惠政策，保证了它们的正常生产。考虑到楠竹生长周期短（3—4 年必须砍伐）、适用范围广的特点，县委县政府早在 2004 年就下发《关于促进资源培育和精深加工的若干规定》等文件，尽快地把竹产业培育成全县支柱产业。

尽管县里的相关政策注意到减少对木材的直接损耗，但至 2010 年，似乎还看不到多少明显好转。而以前对林木过度砍伐的恶果，却随着林木商品化、林工一体化的发展趋势愈益显现。林农根据市场需求调整树种结构，造成了树种结构的单一化，大量松、杉针叶林代替了阔叶林，而阔叶林涵养水源、保持水土的功能要大于针叶林。树种的调整并不会明显影响森林的覆盖率，但对林地的生态涵养影响很大。绥宁县现在主要的树种是杉木、松木、楠竹，绥宁县近年来山洪频发，除了气候的因素外，林种结构单一化也是重要的原因。而且单一树种病虫害也比较容易发生。前几年，因为当地造纸厂需要大量的松木，许多林农都大规模地种植马尾松，结果形成了严重的病虫害，损失惨重。

3. 林木被片面视为农民解决生活困难的重要资源

（1）从“以粮为纲”到“要想富多砍树”

实行大田责任制以前，农民都在生产队从事“以粮为纲”的集体生产，没有其他的挣钱门路。每年年终分配时，没有砍木材卖或砍得少的队每个劳动日价值低，一般为0.3—0.4元，而多砍多卖木材的队每个劳动日值一般为0.6—0.8元，因此，生产队千方百计多砍木材。据动雷村1970—1976年生产队年终决算分配方案统计，七年产值收入中，林业产值收入占30.1%，每10分日（即1个劳动日值）平均0.52元中，就有0.16元是林业收入。

田土分到户后，一些村民产生“要想富，多砍树；千快万快，不如上山砍树卖”的思想，挖空心思多砍树。同时，群众中还有“四愁”思想反映，即：一愁日常生活缺烧柴，二愁儿子大了缺建房材，三愁收亲嫁女缺家具材，四愁老了缺棺材。因而有的户生有三五个儿子，怕今后分家闹意见，干脆每个儿子修一栋房子（或一个宅院整套房子）；有的户嫁女比排场，做全套的木器嫁妆；有的不仅为自己砍棺材木，还给仅几岁的小孩都砍了棺材木存放。80年代中期以后，有1/4的农户拍卖本户自留山所得收入，除留50%左右作为造林护林开支外，其余用于家庭房屋建设和补贴日常生活开支。

绥宁作为传统林区不同于东北、西南大林区。这里普通农民每人平均拥有的林地只有十来亩，总共的补偿金也只有百来块钱。而一根木头至少也要卖几百块钱，1立方木材市场价格1000多元。每亩5元、10元低廉的补偿金和高额的采伐利润形成了巨大的反差，根本无法促成农民保护林木的积极性。加上绥宁地方偏远，农民增加收入的机会和途径十分有限，在要吃饭要生存的压力下，生态效益根本无法顾及，林地越砍越小、越砍越远，每年实际的采伐量远远超过了规定的采伐指标。我们在当地调研时，看到一家木材加工厂院子里堆放的木材都很细，说是间伐木材。但据知情者说，其实并不是间伐木材，因为大棵的木头早都砍光了，只能越砍越细、越砍越小了。[①]

通过调研我们了解到，由于利益驱动，盗伐是极难禁止的。法律规定，盗伐2立方米就是犯罪，但是老百姓零星盗伐，半夜拖下山，谁也管不了。1亩林地国家补助5元、10元，盗伐1棵树可卖100多元。在巨大利益反差刺激下，当然会有人盗伐。一般都是偷别人的，自己的也免不了被盗，于是树越来越少，以至林区被毁。现在全县自武阳以南，山区成材林越来越少，已无什么林木之益。

（2）人口增长造成超砍

俗话说："生根的要肥，生口的要吃。"动雷村1961—1970年10年净增人口314人，相当于现在村民组平均人口85人的3.7个队，1971—1980年10年中净增人口168人，仍相当于现在2个队人口。人口的增加，林木耗用量随之增多。据调查估计，每增加一户（5人），消耗活立木30立方米左右，全大队20年共增加482人折100户，共耗用活立木3000立方米，等于砍光1个组的活立木资源（这里包含了按计划应增加的人口）。一些户懒得到远处砍柴，就在近处砍成材林劈作烧柴，理由是："靠山吃山，总不能餐餐吃生米饭哪！"

（3）灾害导致被迫超砍

动雷村在新中国成立以来发生过几起重大房屋火灾。1956年龙塘团14户房屋、财产全部烧光；1963年高园团7户房屋、财产全部烧光；2008年5月高坡覃家湾9户、10月鸟塘团10户，房

① 数据源于2010年9月苏金花、林刚对绥宁县林业局负责人的采访，见苏金花《中部边远山区的发展之路——湖南省绥宁县武阳镇调研报告》后记，中国社会科学出版社2012年版，第213—214页。

屋、财产全部烧毁殆尽。虽然国家和社会、亲邻给予了救灾照顾，但都只是杯水车薪。这些重灾户的房屋大多是建成十几年甚至仅几年的新房，现在不得不到山上砍伐大量森林来重建家园，按上述每户耗费30立方米活立木计算，共需砍1200余立方米，还不包括平时1—2户房屋火灾损毁的重建用材。这是额外的资源损失，其中多数又是贫困户，导致“因灾返贫”、“贫上加贫”。

二　观念与政策：与自然友善还是竭泽而渔

1. 经济发展与林木政策

采伐与经营，是林业生产过程中两大组成部分。前者，是将活立木变成原木，在合理范围内是利用森林，属采伐加工性质；但过度砍伐，则是破坏森林。后者，是把种苗培育成林木，是创造森林财富。20世纪80年代末以前，在经济政策上，一直是重采伐轻营林，片面鼓励森林利用，忽视了基础工程。砍伐木材的，有钱、有粮、有布票甚至还有化肥；造林的则强调尽义务，待遇很低。1980年搞“林粮挂钩”按造林面积补助原粮。有的人又担心政策不稳定，今年补了，明年不知如何，不如搞木材牢靠。1988年实行承包造杉木速生丰产林，有的又嫌工资低，不如采运木材工资高。从而总是心往木材想，劲往木材使。特别是70年代中期，县里提出：“上交10000立方米的公社，奖售解放牌汽车一辆”，在这个片面许愿下，公社压任务到大队，大队压生产队，促使下面盲目超砍。1985年木材经营放开后，多家企业到村到户抢购木材，价格猛涨4—5倍，在高价诱使下，许多林农大肆砍伐自留山甚至责任山木材出售牟利，造成严重乱砍滥伐。

2. 体制变动的影响

林业，就广义而言，属农业范畴。新中国成立以来，在农业体制的多次调整中，林权占有和生产组织形式，均随之变动。每变动一次，森林资源就受到一次冲击。一是对政策有误解，首先伤害林业；二是自私自利本位主义图眼前，多得远得不如少得现得，到手便是财，先下手为强，大砍森林。并社并队，先打砍树主意；“大跃进”、人民公社化，大砍木材炼钢铁；林权下放，争山砍树不相让。三是趁旧制已破、新制未立的转折时机钻空子。山林定权发证，划自留山和责任山，为的是稳定权属，建立林业生产责任制，以调动群众营林积极性，本是好事，有的队却是先砍树后分山，有的队分了山立即砍树，有的户把责任山的树砍光出售，留下自留山的树今后发财，使森林再度遭殃。

3. 上调任务和支援各种建设项目的压力

木材是国家建设“三材”（即木材、钢材、水泥）之一。随着国家建设的飞跃发展，对木材的需求日日扩大，省、地、县、社层层向大队加指标、压任务，党坪公社 1966—1971 年每年砍伐任务 9500 立方米，1976—1983 年每年砍伐任务 1 万立方米，摊到动雷村每年 1000 立方米，按人头每人采伐 1.5 立方米，按劳力每个 3.2 立方米，精壮劳力基本是半年务木、半年务粮，一直到 1985 年初林权放开后才取消上交任务。

新中国成立后，党和政府组织农民进行互助合作，走集体化道路，在大办农业、大办粮食的同时，为了增加集体收入，开展了对山林的开发。一是砍伐松、杉原木完成国家木材统购任务，二是采伐、加工林业副产品完成国家上调任务，品种有：竹麻、土纸、玉兰片、干笋、松烟、松节油、松针粉、木焦油、木炭、活性炭及药材五倍子、樟脑油、山苍子油、香料、栓皮、香菇、木耳；用具如竹尾、杉尾、子箩、箩筐、晒席、簸箕、木条、杂木棒、犁弯、扁担、抬杠、小杂竹；还有生漆、桐油、茶油、茶叶、野生纤维、野生淀粉、野生药材等数十种。1970—1988 年农副产品收购额全县每年达 4000 万—5000 万元，动雷村（大队）每年 2 万—4 万元。1980 年春办的大队木材综合加工厂，在 1981 年春体制变动后被迫停办，仅一年多时间，就分配给生产队现金 23162 元。动雷大队

1977年11月至1983年6月，从木材销售款中共提取青山价46896元，用以投资公社基础设施建设，其中拨付党坪中学建校款6851元，党坪完小1614元，党坪至冻坡公路9000元，石桥口电站26431元，公社拖拉机3000元。1985年取消木竹统购任务至2010年，集体山约2/3都被拍卖，所得资金90%都用于村组基础设施建设。

三　管理不严

1. 林政管理不严

村干部（含前身大队干部）怕得罪人，对社员乱砍滥伐行为采取轻微罚款或批评了事。那些乱砍滥伐者特别是盗砍盗卖集体林木者都是胆大妄为、阴险狡猾之人，处理轻他们胆子更大。起初动板车拉，后来用拖拉机装，整车出卖，甚至一卖好几车，有的专靠这种黑木发横财。群众说："公路机耕路修到哪里，山里的木材也就被砍光到哪里。"最严重的是80年代和90年代。严重时村里每年组织力量入户清查，也只查到砍得少的"老实人"，那些"狡猾人"早就转移黑木[①]逃脱了。粗略估计，村里30多年被盗砍木材达2000立方米以上。

2. 造林管护不严

群众说："60年代重砍轻造，70年代重造轻管，80年代管而不严。"80年代中期以前造林都是自育树苗或到山上挖幼树移栽，加上栽培技术不过关，牲畜啃吃践踏，成活率很低，有的成活不到1/3，群众说是"年年造林不见林"。直到80年代末期推广造杉树速生丰产林，苗子是县林业局培育的优质苗，实行挖大坑定向栽培，有的还在树坑里施了底肥，这种高质量造林的成活率达到95%之多，而且一年能长1米多高，三年达到3—4米。这中间需要每年的管护：一是做好抚育，第一年春秋用锄头除尽杂草、疏松土

① "黑木"即无证砍伐的集体林木或偷砍他人自留山的林木。

壤，第二年和第三年用镰刀砍光杂草（有的抚育马虎，贪多图快，导致幼树成长很慢）。二是禁止耕牛进山啃吃和踏坏幼苗。村里和承包造林户主贴出公告，抓住入山耕牛对牛主轻则教育，重则赔偿损失并罚款。由于山场宽、耕牛多，管山的忙不过来，每年仍有少量幼林遭到破坏，影响林木的生长。

四　自然灾害对林业的损毁

1. 山林火灾

新中国成立以来，多年发生过山火灾害。一般过火面积 10—50 亩，毁林 20—100 立方米。最严重的是 2009 年秋从蛇冲岭烧到塘冲山顶，从下午 3 时烧到晚上 10 时，喊来县消防大队才将山火扑灭，过火面积达 300 多亩，毁林 600 多立方米。

2. 森林虫灾

危害森林最严重的是松毛虫。1956 年，动雷村部分地方发现松毛虫危害马尾松林。1972 年、1976 年、1983 年、1987 年、1991 年、1995 年因全县、全乡大范围松毛虫发生，并伴有松小蠹和松褐天牛，三虫齐发导致动雷村大片松林枯死，每次损失立木 1200 立方米之多。这些枯死的松木因全树被虫蛀得虫孔累累，材质腐朽无法加工，只能作烧柴。有的烂得不能烧火了。后来县里采用飞机喷药防治，效果较好。近年来又有虫灾发生。2010 年松毛虫危害退耕还林和新造幼林树约 2000 余亩，附近田里、地里遍地是松毛虫，严重的地方人都无法下田劳动。

3. 山洪地质灾害

从 20 世纪 80 年代起大面积发生。尤以 2001 年、2008 年最严重。不仅是良田、电线杆、房屋受损极大，仅山中大径材连根拔起、中小径材成片倒地就损失立木 2000 多立方米。山洪冲刷过的地方多年只长杂草不长树木，又造成宝贵的林地浪费。

五　违背自然规律，对待山林的错误态度和做法
——对“全垦造林、全垦抚育”的反思

刀耕火种和林中烧灰是延续千百年的耕种习惯。将地边几丈高的山林茅草砍到地里烧化土壤，利于锄松打行点蔸下种，或砍掉林木和茅草放到山上，锄光土皮铺上烧灰作肥料，稍不注意就引发山林火灾。

三光（即田坎地边树木杂草砍光、土皮铲光、垃圾茅草烧光）积肥，田坎地边年年修土皮，致使山越修越瘠，林木越来越不长，材质越来越差。许多树变成了“小老树”、“废材”。

领导干部对山林生长规律缺乏基本认识，对全县的林业曾造成严重破坏。1963 年，动雷大队因大搞三光积肥，粮食获得增产，引起了县委高度重视。组织县、区、公社、大队、生产队干部分批赴动雷大队参观取经。在参观一处叫棉花冲三光积肥现场的路上，县委副书记甲与县委副书记乙展开了一番争论。甲说：“三光积肥好，一是砍掉树木增加了阳光条件，二是铲下土皮加厚了泥层，三是清除杂草消灭了虫害，这是使粮食增产的好办法，应该大力推广。”乙答：“除了你讲的好处之后便都是害处。一是将 3—5 丈高田坎的树木砍掉浪费了木材又浪费了林地；二是铲光土皮后山上植被遭到破坏，造成山瘠土瘦，水土流失；三是逢雨季山上黄泥浆冲下田里，掩盖了肥泥，破坏了原有肥土。这个搞法推广不得。”两人谁也说服不了谁。最后到县委会上评议，绝大多数人认为，“在目前条件下要想大增产，就靠搞三光”。据此县委发出了“学动雷，赶动雷，掀起三光积肥新高潮”的号召。全县农村男女老幼齐上山，到处镰刀挥舞，锄头高扬，火焰冲天，三光积肥干得热火朝天。这种积肥活动一直延续到 20 世纪 70 年代中期，后来逐步推广使用化学肥料，才慢慢降温。

毁林开荒。60—70 年代片面执行“以粮为纲”政策，为扩大粮食种植，将已成林荫的树木砍掉，地皮挖翻，种上粮食作物。按

每开垦一亩损失2立方米活立林计算，全村每年达100多立方米。

特别值得注意的是“全垦全复”的造林垦复方式对林区植被的长期和根本性的破坏性影响。

1. 旧式造林和抚育方式

清代民国直到20世纪70年代中期，动雷村和全县各地一样，实行小块栽苗造林，即将一小块（最大不过3亩）砍光树木杂草，一般不烧光，用小锄头像栽红茹一样将树苗栽入小坑捶紧即可，成活率很低，一般在30%—50%之间。由于过去采伐林木都是择伐，将林木稀疏的地方补植树苗，称“林中造林”，这种方法成活率更低。抚育（主要是油茶山）则从山脚挖土到山顶，把树蔸杂草挖净，树蔸作柴烧、杂草堆在松土下沤烂成肥料。动雷村最早实行集体化造林是1954年冬开始，当时动雷联合互助组（初级社前身）在大坪界造的一块面积4亩的杉木林，由于栽苗质量好，成活率达到60%，曾受到当时县人委的表扬。

2. 推行全垦造林、全垦抚育的新方法

20世纪70年代中期，全县推广兰家公社（现寨市苗族乡一部）红星大队造林、抚育经验，实行“砍一块、造一块、管好一块”，即将砍伐后的大片连片山场砍光茅柴杂草晒干烧净，从山脚往上挖到山顶，在挖松后的土壤挖小凼子栽树苗，用挖松的表层肥土培蔸捶捏。这种方式造的林成活率达50%—60%，好的达70%，可达到松土除净杂草和灭森林虫害的目的。1988年动雷村在大木坳270亩山场开始造杉木速生丰产林，在乡林业站技术指导下，改全垦为全烧大穴整地造林。即将采伐后大片山场茅柴杂草烧净后，按株距1.5米、行距2米进行挖穴，穴成正方形，每边60厘米，深50厘米，将表土放上方，心土放两边和下方，再将表土填入穴底，施少量复合肥和磷肥作基肥拌和土中，再填中层土后，于一月和二月在雨后土壤湿透时进行栽树苗，再填新土捶紧。这种造林方式使成活率达90%以上，好的达99%。造林后连抚3年，前2年锄抚（即用锄头漫山松土除草，树基部追肥，第三年进行 1 次刀抚（即用镰刀砍光茅柴杂草和树蔸部除萌）。当年造的林每年长 1 米多高，3 年后平均长到 3.8 米，高的达 4.5 米。从此后，这种造林抚育方式在全乡大力推广。以后包括造松林、阔叶林、竹林都采用这种方式。但从 2006 年以来，造林质量有所下降，存活率和生长量均比不上 80—90 年代造的林。

3. 新式造林法的作用

从短期的、直接的效果上看，“全垦全造”的造林方式确实有明显的效益，主要体现在：

（1）有利抓住造、抚季节不误林时。科学的造林季节是：7 月砍 8 月烧 9、10 月挖穴，11、12 月复表土施底肥，第二年 1、2 月栽苗子，上半年 5 月底前进行第一次抚育，下半年 8 月底前进行第二次抚育。由于提前整地挖穴，便于抢季节、天气及时栽苗，保证了成活率，及时抚育保证了存活率和生长量。

（2）挖大穴深坑，便于追肥松土。由于穴挖得又宽又深，利于树苗发根快、长势好、郁闭早。也利于后期抚育好追肥、易松土，促进速生林丰产。

（3）林木生长大体一致、林相整齐。由于在同一时间栽苗、抚育，使树苗大致一同生长，林冠均匀，林相整齐。

（4）利于及早间伐和采伐更新。由于首次间伐期比省标年份（14 年）明显提前，一般提前到造林后的第 7—8 年，第 16—18 年便可采伐更新。比传统自然生长周期缩短 50%。

（5）便于飞机防治森林虫害。当森林虫害大面积发生后，人工防治已力不从心，只能用农用飞机撒药防治。由于速生林成片栽培，树冠一致，便于飞机低空飞行撒药，提高防治效果。

但是，从长期和根本上看，“全垦全造”对待林木的生长和培育却是错误的，它违背了森林成长的自然规律，破坏了林区的自然生态平衡，这是人类为了“一己之利”处理人和大自然相互关系产生产严重危害的案例。

图3-6 此相片摄于2011年冬。它和以下两幅照片，呈现出了“全垦全造”后的山林景象，一派肃杀，稀疏的树苗已遮盖不住裸露的地皮，人类的贪婪和无知，将青山变为荒山。而当小树经过十余年刚刚长大时，又会被全部砍伐殆尽，重现秃山。

4. “全垦全造”育林方式的危害

“震惊全国的绥宁县2001年6月19日特大山洪地质灾害，25个乡镇普遍受灾（其中12个乡镇、44个村受重灾），受灾人口21万，成灾人口16万，死亡84人，失踪40人，冲走损坏房屋3787座，8860人无家可归，2万多人现无口粮。冲毁公路851公里，桥涵210座，水电站13座，损毁输电线路2129公里，通信线路434公里，光缆180匹长公里，农作物受损26.79万亩，绝收5.2万亩，直接经济损失5.6亿元。这场自然灾害有三大特点：一是成灾特别快，具有突发性；二是破坏特别大，具有毁灭性；三是恢复特别难，具有艰巨性。造成自然灾害日趋严重的因素是多方面的，全球环境气候条件的变化和地质作用的周期性变化是十分重要的，但

图 3-7　全垦后的山场远景

图 3-8　全垦后，林木被砍伐一空，青山变荒山

也需认识到人类违背自然规律进行经济生产活动对自然环境的破坏，加剧了自然灾害的发生与发展，全国50%以上自然灾害发生与人类活动有关。如大面积砍伐森林和大径材严重过伐；大面积山地

图 3–9 “全垦”后的山林，正待成长的幼嫩树苗

垦复和林内烧灰、挖黑土积肥破坏植被、交通和房屋建设过高切坡破坏地层；占河道修路、建房或围河滩扩大耕地挤占河床水道等。这次‘6·19’特大山洪地质灾害给我们再次敲响警钟。”这是2001年8月驻绥宁县的全国、省、市人大代表联名向全国人大和国务院写的灾情报告的一段。关于这场引起中央、省、市领导高度重视和关切的惨痛历史，将永远铭记于绥宁县30多万人民心中。从那次特大灾害以来，绥宁县和全省全国相同地域一样，几乎年年都发生大大小小的自然灾害。当然不能完全归咎于“全垦造林”“全垦抚育”，但这种全垦式造林抚育确实也给全县带来水土流失灾害和造成生态环境的破坏。

（1）山体土壤日益贫瘠，降低土壤肥力

土壤是生物赖以生存的基础。由于土壤被侵蚀，植物需要的营养物质随水流失，使土层浅薄，地力衰退，导致农作物减产，林木生长缓慢。如长期风化演变，甚至造成恶性循环，使生物难以立足。特别是花岗岩地区的武阳、李熙桥、黄土矿、唐家坊、枫木团等乡镇的部分地区，1985 年前，山地陡坡开荒、砍柴烧树蔸，严重破坏了植被，有的地方造成表土基本蚀尽，岩石裸露，变为不毛之地。以动雷村为例：凡是 1985 年前刮土皮积肥的山坡山岭上，树木长得比不刮土皮积肥的地方慢一半多。造林挖山土深的地方年年水土下流，有的形成侵蚀沟，只能长茅草青苔。

（2）影响林木生长

要使林木生长快、长成大径材，需要好的立地条件。立地条件的关键就是林地土壤的腐殖质越厚越肥越软。据测算，达到 10 厘米厚的腐殖质要 30 年左右，达到 20 厘米的腐殖质要 50 年以上。而现在一个轮伐期（18 年）内就要向山地表层土壤挖 3—5 次，即腐殖质不到 5 厘米厚就被挖掉流失了，如果栽树不增施肥料，叫树木怎么能速生丰产和长成大径材呢？所以外地客商来绥宁调木材总是摇头：“你们的木材越来越小、越来越短、越来越嫩，不好用啊！”本地的老农也发愁：“今后靠大径材涵养水源、做家具靠不到了！”

（3）增加水、旱灾害

因植被的破坏，对雨水的拦截力减弱，下渗量降低，增大地表径流。导致溪河吞吐失调，易造成水旱灾害。据《绥宁县志》记载，山洪灾害解放前平均 18 年一遇，新中国成立后 30 年平均 5 年一遇，据政府简报记载，改革开放以来 30 年平均 2 年一遇。因植被遭破坏，干旱也易于发生。新中国成立前 14 年记载中平均 4 年一遇，1950—1980 年的 31 年中平均两年一遇，1981—2000 年 21 年中平均 1.6 年一遇。这些灾害给人民生命财产带来严重损失。

（4）侵吞沿河耕地

由于水土流失，泥沙淤塞，使河床抬高、河面加宽，加剧缩小耕地面积。有些地方因山洪暴发，致使河流改道，冲垮沿岸道路、电杆电线，几年难以恢复。

（5）淤塞山塘、水库，降低灌溉效益

因水土流失，泥沙下冲，淤塞了山塘、水库、水渠等水利设施。仅动雷村 5 口小山塘，塘底泥沙堆高近 70 厘米，20 多条水渠的水槽堆平成了坪渠。

以上五方面，均为“全垦全造”这种人类自身错误引起的山林破坏。由此带来的严重教训将促使人们日益重视和践行生态环境保护，实现可持续发展。

第四章

林区社会生态现状与困境

第一节　农村人口大量外出

一　户籍人口的年龄结构与文化水平

据调查者调查，至 2010 年年底，动雷村实际总人口 1104 人(村统计为 1113 人)。剔除未办迁进手续和下落不明的 7 人外，实有人口 1097 人。以下，本书以 1097 人为计算各项人口比例的基数，一律统称为“实有计算总人口”。其中 0—15 周岁 159 人，占实有计算总人口的 14.49%；61 岁以上 167 人，占实有计算总人口的 15.22%，其余 16—60 岁者，都属于劳动力范围，共 771 人，占实有计算人口的 70.28%。其中，16—17 周岁 35 人，占实有计算总人口的 3.19%；占劳动力人数的 4.54%；其中读书 19 人，打工 16 人。18—60 岁 736 人，占实有计算总人口的 67.09%（18—55 周岁 305 人，占 27.8%；36—60 周岁 434 人，占 39.56%）；61—70 周岁 86 人，占 7.84%，71—80 周岁 64 人占 5.56%；81 周岁以上至 99 周岁以下 17 人，占 1.55%。计算总人口中 16—60 周岁的劳动力人口 771 人，占实有计算总人口的 70.28%；61 周岁以上老龄人口 167 人，占实有计算总人口的 15.23%。虽然青壮年人口近 2/3，青少幼童占17.43%，但不可忽视的老龄人口也占近1/6，而且每年以1.6%的比例递增，2015年可能突破200人，占总人口1/5以上。1990年第四次全国人口普查，6月30日12时止，动雷村230户、1037口人。到2010年12月31日止，动雷村256户、实有计算总人口1097人。20年净增26户60人，年平均净增1.3户，3口人。是全乡几个人口增长最少的村之一。

从年龄结构上不难看出，动雷村现有人口主要是16—60岁的有劳动能力的人口。

二　农村人口大量外出

改革开放后，动雷村的社会经济较前发生了重大变化，主要可分为外出打工和“在村留守”两大部分。这两部分的生活形态、生产内容、收入构成乃至经营机制是完全不同的，这是千百年来天翻地覆的巨变。

通过2010年动雷村农户摸底调查，我们掌握的关于户籍和人口流动状况如表4-1所示。

表4-1　　2010年人口流动状况统计表

统计口径	按人口统计户数			按人口流向统计户数			备注
	5人以上户	2—4人户	单人户	全家在家户	部分在家户	全家外出户	
户数	107	140	9	14	166	76	
占全村总户数%	41.80	54.69	3.52	5.47	64.84	29.69	
人口	612	483	9	43	801	260	调查人口1104人
占全村人口总数%	55.43	43.75	0.82	3.89	72.55	23.55	

说明：①农村户数、人口经常变化，一般有两个儿子以上的老人要将自己的户口分开填于已分家的儿子家庭中，但有的儿子互相推诿，导致老人单独立户生活；有的兄弟分家后又合拢，合拢后又分家；有的夫妻同居而不结婚，或生了孩子还未办迁进手续，有的大姑娘与人婚姻生子后仍不办迁出手续，有的远走他乡多年未与地方甚至家里通音讯，不知有否妻室和孩子……针对以上复杂情况，这次我们把户数按已成家常住为基础

立户头，再根据户头落实人口，未办迁进手续的计入人口数，未办迁出手续的减去人口数，已消亡的注销户数及人数。超计育出生瞒报人口知道的也计入人口。今后必须每年掌握户数人口的迁进、迁出、出生、死亡四项变动情况，切实加强户籍管理。

②2010 年调查人口：1104 人。剔除未办户籍及下落不明的 7 人，实有计算总人口 1097 人，以后一律统称“实有计算总人口”。

第二节　留守村民的生产与生活

就当前在村的“留守”农民而言，日常生产生活和收入可概括为农业与林木业的密切结合。村民生活在群山之中，林木是他们生产生活的重要内容和来源。虽然山林的成长主要源于大自然，但人工造林作用，以及种植楠竹、果树等收入不可忽略。而村民解决“吃饭”问题，基本要靠粮食种植业，饲养猪、禽，种植一些经济作物以及蔬菜，都是最常见的生产活动。我们可以通过以下图片略窥一二。

图 4-1　绥宁常见的景象：房屋依山而建，屋前是农田和庄稼，屋后是山场

以下，我们分别就农业、林业、第二和第三产业等生产活动，简略分析动雷村农民家庭的经济生活和家庭收入概况。

图 4-2　秋收时节，村民在山下农田中为稻谷脱粒

图 4-3　山区某村居民的院落中堆满了木柴，村民日常烧饭及冬季取暖均依赖之。房屋也由木材建成，体现出山林区农民的生活特色

一　农业生产概况

这次调查水田、旱土经营情况，重点放在水田。很多农户怕暴露荒田面积会被上级罚款而不敢报，有的仅上报一部分。我们采取原实分水田为基础，2010 年实种面积，有无多种或转出面积，转

图 4-4　农业是村民生活的基本依靠，除粮食外也种植一些经济作物。图为村民在院子内整理坡田中收获的绞股蓝

图 4-5　现时出售林木收入已很少。竹子是农民重要的林业收入，两三年即可伐一次。这是村民砍伐自留山的竹子

图 4-6　本书作者之一陈明才在伐竹

图 4-7　本书作者之一陈明才扛着刚伐的竹子

出面积须有人承认并实际种植才算，并声明我们是为了科研而不是为罚款而来调查荒田面积的，这样就使一部分荒田户打消顾虑而据

图 4-8　以上图片，记录了陈明才在家中自留山上砍伐竹子的过程。竹子由收购商用特制车辆运至县城，出售给加工厂

图 4-9　除竹子外，仍然会有木材的砍伐与出售；尽管动雷村成材的林木资源现在已不多了

实上报了。

总的看，2010年时动雷村农业的特点是种植粮食为主；人均耕地面积虽较前大幅缩减，但仍有大量农田被抛荒；使用农机水平明显提高。随着人口的增加、修路建房和水利设施的占用，重大自然灾害的损毁，人均占有耕地面积逐年减少，1957年建高级社后人均耕地2.86亩，2010年人均仅1.24亩。虽然如此，抛荒农田接近总面积三分之一。

表4-2　　动雷村2010年水田经营情况表

总面积（亩）	实种亩	其中转入亩	其中转出亩	荒芜亩
1091.49	768.20	111.61	111.61	323.29
	70.38%			29.62%

另外，打谷机械、打米机械、粉碎机械、抗旱机械、挖掘机械、耕地（田）机械、砍运木材机械等大量普及入户，提高了效率，节省了时间，减少了体力之苦。交通运输机械化提高尤速。这是近些年来出现的重大变化。

二　林业生产和收入概况

林农获取林业收入分直接收入和间接收入。因年份自然条件（气候、水旱虫灾害等）不同、家庭务林人员多少不同、务林人员体力和技术程度不同、市场物价高低不同而收入差异较大。一个5口之家，其中一男一女两个劳力边种粮边务林，务林遇好的年份年收入4000—10000元，遇差的年份仅收入500—3000元。

1. 直接收入：出卖竹木原料收入，出卖竹木初加工产品收入，出卖竹木制材后剩余收入，直接承包采伐、搬运、装卸、造林、抚育等收入，卖旧屋料收入，从树木采摘果品或药材出售收入，山苍子和棕片出售收入，竹木家具出售收入等。

2. 间接收入：经营竹木销售中介收入，用松树蔸培植茯苓售出收入，用杉树蔸熬制焦油售出收入，用杂木种植香菇、木耳出售收入，漆树采漆出售收入，采松脂出售收入，茶油、桐油出售收入，在林地里采摘野菌和野果出售收入，到竹木加工厂打工收入，木工收入，篾工收入等。

三 在乡农户综合收入及结构

我们以 2010 年为时间点，对动雷村 34 户村民家庭状况进行详细抽样调查，其中 27 户为在村家庭（包括有部分成员外出打工，但户主等家庭主要成员仍然居住在农村），调查结果中显示农户家庭的收入结构如表 4-3 所示。

表 4-3　　动雷村 27 家农户收入结构表（加总数）　　单位：元

总收入	家庭经营收入	其中						家庭以外工资收入	转移性收入	其中				财产性收入
		农业收入	林业收入	畜牧业收入	第二产业收入	服务业收入	其他收入			非常住人口寄	政策性补贴	往来赠送收入	其他收入	
512117	313800	155700	2700	76200	0	79000	200	87900	107417	56600	28073	13595	9149	3000
100%	61.28	30.4	0.53	14.88	0	15.43	0.04	17.16	20.98	11.05	5.48	2.65	1.8	0.58

表 4-3 告诉我们：27 家农户户均收入 18967 元。平均每户总收入中，家庭经营收入是主要收入来源，占 61.28%；农业占家庭经营收入的近 50%，也占总收入的 30.4%；非农服务业在家庭经济活动中有重要地位，占家庭经营收入的 15.43%。而第二产业在本地为零。这一现象表明，在动雷村留在农村的居民中，农户家庭经营收入是最重要的来源。但是，依靠当地自然资源为基础的、决定人们生存活动的农业，虽在家庭经济范围内仍居首位，但在总收入中已不到 1/3。不难判断这在很大程度上导致了农业被轻视，或者说，用市场价值计算，农业已不能成为农民收入来源的主力军。加之当地几乎没有第二产业，这两个因素叠加，遂成为当地村民的中坚力量脱离农村到外地城市打工谋生的主因。

表4-3中显示，家庭以外的收入，主要是工资性收入和由外地成员寄来的“转移性收入”，竟然占到总收入的38%以上，超出农业收入8个百分点，这从另一角度说明了农业收入对农民收入影响的下降。这与动雷村主要劳动力外出打工的现象是一致的。

按照本次制定的调查表所填内容显示，村民林业收入不足1%，显然与人们的实际体验不同，令人难解，好像山林与农民经济收入关系不大。其实这里有误区。原因有二。一是统计表中的林业收入，主要指直接出售木材，这在目前已不占重要比重。但是畜牧业在总收入中的比重却高达14.88%，几乎相当于农业的一半。而本地的畜牧业主要是农户喂养的家禽，以及猪、牛等。它们的饲料，在很大程度上来自山林。二是山林对居民的经济有很大帮助和贡献，这些没有、也难以用直接收入来体现。我们根据该村实际，认为这可以看作是当地人的一种“隐形收入”。为了接近实际状况，本调查尝试对林业收入进行一定调整，将来自山林的“隐形收入”折成货币计入，约为54000元，加上直接收入2700元，共56700元。这样，将54000元加上总收入512117元，等于实际总收入566117元，可得出村民来自山林的经济收入约为总收入的10%。

以下具体说明我们对动雷村村民“隐形收入”的计算根据。所谓“隐形收入”，我们这里是指山林资源对村民生产和生活方面的各种形式的帮助，借助于这些帮助，村民们可以明显减轻需要花钱购买的种种开销，从而降低了生产生活成本，在实际上无异于得到一笔大自然赐予的额外收入。这些自然恩赐主要表现在如下方面。

1. 住房：前已说明，动雷村村民住房绝大多数都是木质结构，以一座木质的建筑面积200—220平方米的两层木屋论，一般可以居住150年左右。这种房屋一般“四排三间”，需要15立方米以上木材，以2010年市场价格，1立方米杉木约1000元，加上人工费用，盖这样一所木屋的成本费是3万元左右，出售价约6万元（不计地皮钱）。

因为建房木材基本是农民自己的，无须购买，因此可以认为农民在大自然的帮助下，大致以近 3 万元建成可居住 150 年的房屋。如此，按 150 年折旧，每年折旧费约为 200 元。

2. 家具：村民家具多为优良木质打造，如床、柜、桌椅等，5 口之家基本需要 5 立方米木材，以房屋建造费的 1/5 计，需 6000 元左右。如果按照 100 年折旧，每年折旧费为 60 元。此外尚有农具的木质部分未计。

3. 烧柴：在 50—70 年代，山村不通电，交通不便，农村人很少长期外出，每日烧饭、烧水、喂家禽家畜等，烧柴用量大，所用都是旧式灶，费柴，5 口之家，每日要烧干柴 20 斤，每年 7200 斤上下，折合 9—10 立方米净木材。20 世纪 80 年代后至 21 世纪初，推广了省柴灶，烧柴量要减少近一半。现在，由于电力普及和使用液化气，烧柴更为减少，约为每年 2000 斤，折合市场价 450 元。

4. 用水：包括农田灌溉和生活用水。

农田灌溉用水：1 亩水田的大致年需水量是很不确定的，在各个不同地域，不同地理环境，根据每年的降水量和气候条件而变化。但大致说来有一个概数。为了考证动雷村水田每年大致的用水量，我们采用了《中国水资源公报 2000 年》公布的湖南省每亩农田年用水量为 578 立方米的数据①：动雷村每户水稻田（平均 1. 24 亩）每年最少用水为：578（吨）×1. 24（亩）= 717 吨，以全国农田灌溉用水成本价 0. 2 元/吨②，2010 年每户平均 1. 24 亩计，需要成本水费 143 元/年。

日常生活用水：又据《中国水资源公报 2000 年》公布的湖南省农村家庭平均 1 人每日用水 133 升计算，每人每月用水为 4000 升（4000 公斤），年用水 48 吨，动雷村 2010 年每户人口平均 2. 5

---

① 这里的农田既包括水田也包括旱地，而水稻田需水量要远高于旱地作物。因此，就水稻田来讲，这个农田平均用水量是大为偏低的。

② 水利部长陈雷：就全国面上看，农业水费均价 0. 1 元/立方米，供水成本 0. 2 元/立方米。见“全国人大网”，2014 年 4 月 7 日。

人，用水量为 120 吨。现以绥宁县 1 吨生活用水价 1.57 元计①，每户每年生活用水费 188 元。

5. 家禽家畜饲料：据估计，来自商品饲料和粮食以外的青饲料和“自然界食物”，大约可节省“有价”饲料的 30%，例如散养的鸭等，反之，则要增加 30%的成本。照此推算，动雷村每户每年因山林的恩赐，可以节省饲料费用 800 元左右（2010 年每户畜牧业产值 2822 元）。

照上述估算，动雷村村民每年因山林的各种“额外帮助”即获得的“隐性收入”约为：

$$200+60+450+143+188+800=1841\text{（元）}$$

再加上 2010 年统计的每户平均 100 元的出售林木直接收入，总计为 1941 元。

如果再加上动雷村村民从山中采集的或食用、或出售的野生植物等，以 50 元计，则动雷村人每年约可从山林中获取的直接和间接收入在 2000 元上下。

我们在理论上，似乎可以将这笔山林馈赠计为林业实际收入，但却不宜计为农民的直接收入而加入现有的总收入数字中。我们姑且将其视为林业对实际收入的贡献力。如此，林业对农户总收入的贡献将从原有的 0.5%上升到 10%，对农民家庭收入的贡献从 1.7%上升到 15%。林、牧收入占总收入的 24%。

表 4-4　动雷村 27 家农户加入林业“隐形收入”后的农户收入结构表

单位：元

总收入	家庭经营收入	其中						家庭以外工资收入	转移性收入	其中				财产性收入
		农业收入	林业收入	畜牧业收入	第二产业收入	服务业收入	其他收入			非常住人口寄	政策性补贴	往来赠送收入	其他收入	
566117	367800	155700	56700	76200	0	79000	200	87900	107417	56600	28073	13595	9149	3000
100%	64.97	27.50	10.02	13.46	0	13.95	0.035	15.53	18.97	10.00	4.96	2.40	1.62	0.53

① 绥宁县居民生活水费 2014 年 1 月为 1.57 元/吨，见相关网站。

这里应该特别说明的是，上述估算是据2010年前后的情况推算出的，此时动雷村和全县的林木资源已严重减少，加以大量青壮农民外出打工，农民出售的木材已很少了，林业收入较前大幅减少是必然之事。可以想见，在此之前的长时间中，出售林木收入对农民而言会较现在大得多。因此，在很长时期中，在统计资料中仅有第一产业收入或第一产业占总收入主要部分的情况下，估计林木对农民收入的直接和间接贡献占到60%左右是可能的。

第三节　家庭的分裂及经济功能的新变化

一　外出打工与在村留守

1. 在村人口和就业

“年轻力壮外头走，留下老弱守田园；一年到头盼相聚，过大年后泪涟涟。”这是当今动雷农村景况，具体情况见表4-5。

表4-5　　2010年动雷村常住人口和在乡就业概况统计表

常住人口	其中							
	务农人口	打零工人	经商行医	家务、带孩子	病残	养老	读书	幼儿
396	205	32	6	36	8	48	46	15
100%	51.77	8.10	1.52	9.1	2.0	12.12	11.62	3.79

说明：常住人口，指至调查时为止，一年中大部分时间居住在农村者。养老指丧失劳动能力者。

2. 外出人口流向和就业情况

“东南西北中，打工去广东；不怕脏和累，发财保家用。”这是打工仔们最早打工的观念和目的。村境内最早外出打工的是20世纪80年代中期，最早流向广东省惠州市，到90年代形成打工高潮，一是亲友介绍，二是自己去找，三是政府和部门组织。至2010年止，共外出701人，分布在全国15个省市区和1个国家（加纳共和国）。

表4-6　　动雷村外出人口流向概况表（2010年）

湖南本省							
		县内	市内	长沙	株洲	怀化	其他
合计人数	245	164	14	24	21	7	15
占外出人口%	34.95	23.40	2.00	3.42	3.00	1.00	2.14

广东省							
		惠州	深圳	东莞	广州	其他	
合计人数	314	128	79	20	4	83	
占外出人口%	44.79	18.26	11.27	2.85	0.57	11.84	

浙江省							
		温州	杭州	义乌	其他		
合计人数	100	8	5	4	83		
占外出人口%	14.27	1.14	0.71	0.57	11.84		

国内外其他地区													
		上海	北京	福建	广西	四川	江西	江苏	陕西	山西	河南	国外	不明
合计	42	4	5	16	4	2	3	3	1	1	1	1	1
占外出人口%	5.99	0.57	0.71	2.28	0.57	0.29	0.43	0.43	0.14	0.14	0.14	0.14	0.14
外出人口总数	701												

表4-7　　2010年动雷村外出人口就业概况表

职业	老板	管理	经商	电子电工	印刷	五金（制版）	建筑	装修（维修）	运输	装卸	制衣
人数	11	46	42	152	23	38	56	16	18	4	76
占外出人口%	1.57	6.56	5.99	21.68	3.28	5.42	7.99	2.28	2.57	0.57	10.84
职业	手袋毛线	饮食（超市）	养殖	保安	其他	保姆	理发、杂工等	乡外读书			
人数	21	5	18	6	13	17	11	128			

续表

职业	手袋毛线	饮食（超市）	养殖	保安	其他	保姆	理发、杂工等	乡外读书			
占外出人口%	3.0	0.72	2.57	0.85	1.85	2.43	1.57	18.26			

说明：（1）外出人员散居各地，常有变动，与家乡联系疏密不一，确切情况很不易掌握。本表原始根据是外出人留守家属及在乡亲友熟人和村组干部记忆制成，故只能反映大致情况，并不精确。各项数据也难前后吻合。

（2）本表外出人加总数共 701 人。其中有职业者 573 人，人数之所以远较外出劳动力 523 人为多，是因为一些打工者的工作岗位是变动的，会造成一人从事两种工作，如上半年一种，下半年另一种，结果按工种统计会超过劳动力人数。

（3）读书人数共 174 人，共占全村总人口 15.86%；其中离乡读书者 128 人，乡内 46 人。乡内读书均未脱离农村家庭，在经济上不能独立，因此严格说来，他们并不属于外出人口。而在乡外读书者，一部分是与父母一同外出，应作为外出计算。而还有相当部分在县城读书，家庭还在农村，因此也不宜视为外出人口。但为了统计方便，本书对上述情况没有区分，一律计入外出人口。

从上列动雷村外出人口流向的统计中，已可以看出一些特点，一是流向地域广，相当分散；二是外出主要是打工，从事行业相当广泛；三是外出打工者主要从事基础性普通劳动。

以下，我们从现有调查的部分资料中，再对外出主要是打工对家庭单位的影响继续加以分析。[①]

16—60 岁的劳动力人口 771 人，约占实有计算总人口 1097 人的 70.28%；这其中 16—50 岁的青壮年劳力为 680 人，占劳动力总数 771 人的 88.2%，占实有计算人口总数的 61.99%。离乡外出人口中，有劳动能力的人口为 523 人，占全村人口的 47.68%；占全村劳动力的 67.83%。外出劳动力中的青壮年（16—50 岁）为 510 人，占全村实有计算人口的 46.49%，占全村劳动力总数的 66.15%，占全村青壮年的 75%。以上全村人口均指实有计算人口

① 以下，本书以 1097 人为计算各项人口比例的基数，一律称为“实有计算总人口”。

1097 人。

这些数据表明，动雷村劳动力的大部分均已外出，特别是外出劳动力是本村劳动力的中坚力量即 16—50 岁者，占青壮年劳力的 75%。

另外值得高度关注的是，动雷村受过较多教育的人才也大量流出乡村。据村摸底调查数据，本村接受过较多教育者约 162 人，其中高中 126 人，中专 3 人，大专 15 人，本科 18 人。这对一个偏远山区的一千余人口的村来讲，应该不算太少。但他们中绝大部分都已离乡。至 2010 年年底，留在乡村者为：高中包括中专程度者 21 人，大专程度 1 人，其余均离开本乡。受过较高教育的群体 162 人中，只有约 13.58%在村。

动雷人口中劳动力的主体和青壮年离开家乡，及本村文化程度最高群体的主要部分离乡，是当地乡村远远不能满足人口中最具活力的、主要生产力的承载者和生力军群体需求（包括物质生活和精神生活之需要）的体现。离村外出可能会部分满足外出人员的需求，但同时，也会带来两方面的问题。一是外出家庭及成员本身在生活和情感上遭到的种种困惑和艰难；二是农村“精英”和中坚力量的流出，也必然给当地的社会、经济、人文带来严重问题乃至危机。

二　固有农户家庭的分裂与瓦解

大量村民外出打工，彻底改变了动雷村农民家庭和全村整体社会经济的“传统”特征，形成了前所未有的高度复杂的社会经济结构形态，主要表现为：作为社会经济体最基本“细胞”的家庭，已分裂为若干“不完整”家庭。

按照标准的社会学定义，一般将现代社会的家庭分为六种类型。

（1）核心家庭：指由已婚夫妇和未婚子女或收养子女两代组成

的家庭。

（2）主干家庭：又称直系家庭。是指由父母、有孩子的已婚子女三代人所组成的家庭。主干家庭的特点是家庭内不仅有一个主要的权力和活动中心，还有一个权力和活动的次中心存在。

（3）联合家庭：指包括父母、已婚子女、未婚子女、孙子女、曾孙子女等几代居住在一起的家庭。亦称“四世同堂”。联合家庭的特点是人数多、结构复杂，家庭内存在一个主要的权力和活动中心，几个权力和活动的次中心。

（4）单亲家庭：指由离异、丧偶或未婚的单身父亲或母亲及其子女或领养子女组成的家庭。单亲家庭的特点是人数少、结构简单，家庭内只有一个权力和活动中心，但可能会受其他关系的影响。此外，经济来源相对不足。

（5）重组家庭：指夫妇双方至少有一人已经历过一次婚姻，并可有一个或多个前次婚姻的子女及夫妇重组的共同子女。重组家庭的特点是人数相对较多、结构复杂。

（6）丁克家庭：指由夫妇两人组成的无子女家庭。目前，丁克家庭的数量在我国逐渐增多。丁克家庭的特点是人数少、结构简单。

就全国看，主干家庭曾为主要家庭类型，但随着社会的发展，此家庭类型已不再占主导地位。核心家庭已成为我国主要的家庭类型。

根据表 4-1 所示，动雷村至 2010 年年底的实际状况是，实有户数 256 家，其中，全部家庭人口在家即仍住于农村者有 14 户，占全村总户数的 5.47%。全部家庭人口外出离村者 76 户，占全村总户数的 29.7%。家庭人口中部分外出，部分居乡者 166 户，占全村总户数的 64.8%。这确切表明，该村大部分家庭已经处于不完整的分裂状态。

从表 4-1 数据以及我们对全村家庭户的摸底调查看，根据现有的户口统计，字面显示动雷村主干家庭仍然占多数地位。这可以说明，在20世纪80年代中期以前，该村的家庭仍主要由父母和有孩子的已婚子女三代人构成。但在村民大量外出打工后，尽管在户口簿中的家庭名义上仍然是"主干型"的，但在现实生活中真正的主干家庭已经很少了。

分析固有（或传统意义的）家庭在成员大量外出后的变化，并非易事。至少有两个观察角度，一个是从乡村的原有家庭及其变化观察，另一个是从全家已经完全离开乡村后的新变化观察。由于难度较大，以下并未将这两者清楚分开进行分析，故欠精细，大致情况如下。

（1）第二代青年或壮年的家庭成员外出，家中只剩老年的父母一代单独生活，约59例。

（2）如果两老之一去世、只剩下一个老人，则成为一个"独巢"家庭，约24例。

（3）两个老人之一跟随外出打工的成年子女离开家乡，通常是老母亲跟随子女以便照顾第三代，剩下老头一个，形成实际上的"独巢"，约3例。

（4）16岁或刚刚初中毕业未成年即未满18岁的年轻子女外出打工者，约49人。其中随父母一同外出并在一地打工者为24人；未与父母同在一地（包括父母在乡）、独立打工生活者，约25例。[①]

（5）部分子女与中老年父母在家乡，另一些子女带领孙辈外出；包括部分二代与老一辈在家照料第三代，另一部分二代外出，约21例。

（6）夫妻分开，其中一个人在家乡，与老人、儿女在一起，另一人外出打工，包括年幼第三代在家而青壮年者外出；其中留女性

① 关于不满18岁者外出打工的案例，系根据对动雷村256户摸底调查资料整理。外出打工者的年龄，并不限于2010年当年，而是根据调查表中的"开始工作时间"的填报数，包括早于2010年已外出打工者的实际年龄。

在乡，以照顾老、弱、小辈等，男性外出的较为常见，约 34 例。

（7）夫妻均外出打工，但夫妻分开两地，其中之一离家乡较近（如县城），另一个到外省打工，约 6 例。

（8）夫妻两人外出打工，留下父母和年幼的第三代在家乡生活，由老年父母照顾第三代，约 18 例。

（9）全家包括中年父母和几个年轻未婚的子女外出打工，但不在一处。有夫妻与子女在同一地区者，有夫妻在一起而子女中有些在他处者；有夫妻与儿女完全分开者；其中又有儿女在同一地区和不同地区之分。其中，父母子女在一地打工者 32 例；夫妻在一地而只有部分子女在一起者 14 例；有夫妇在一地而子女完全分开、在另地者 10 例。

除以上情况外，还有一些类型未例举。

值得注意的是，即便夫妻在同一地打工，也并非一定有自己的住所，哪怕是临时性的。常见的如妇女在别人家当保姆，男人在某处打工（例如保安）之类。

上述资料显示，动雷村的实际家庭构成的特点大致为：外出打工致使原有的家庭结构发生了多种形式的复杂的裂变状况。其分裂形式达十余种之多。随着打工地点的多样性、每个家庭内部情况的多样性，打工家庭也呈现出复杂多变的类型。但总特点可以概括为，一个完整的家庭常常裂变为 2—3 个以至更多的社会经济单元。

从一般的家庭成长过程看，子女长大成人具备了自我独立生活能力而另组家庭，可谓一般规律。但从以上的家庭变动看却是“极不正常”的。它显示的是，对固有家庭的未成年少年而言，他们在身体发育和教育学习均不完备的时期，却不得不为谋生打工。据我们调查的 256 户可知，18 岁以下外出打工者共 49 人，其中有 25 人完全脱离父母，独自或和 20 岁上下的小哥哥小姐姐在外省打工。据《中华人民共和国未成年人保护法》，不满 18 岁者都是未成年人，在法律上不能脱离家庭而需要家长或监护人的照顾（尽管他们被计入劳动力的统计中)，当然不能算在家庭关系上完全独立，和长大成人另组家庭完全是两回事。这些家庭，显然难以尽到对未成年家庭成员应该履行的法律责任。16 岁以上的青少年正处于身体和精神发育的关键时期，极需关注。如果说它会对人的一生产生决定性影响，是完全可能的。而对占很大比例的老年人而言，固有家庭的分裂在社会的负面影响则是“立马”显现。它显示的是，在人逢年老多病，最需要亲情照料的晚年，却因为家庭成员的外出而不能“老有所养”，相当部分老人在家庭中被“边缘化”，近似于被遗忘。最令人无法容忍的是夫妻之间，为了全家生计而将家庭拆散，异地谋生。在动雷，因外出打工造成夫妻分居家庭裂变的数量至少有 34 户之多（这里不计第 5 类中的一些情况，也不计即便在同一地打工，夫妻也难以共同生活的情况)。也正因如此，长期打工夫妻分离造成家庭危机的现象屡见不鲜。

在动雷村，我们较多接触的是“留守”老人们。虽然这仅仅涉及家庭裂变的一个类型，但已令人深感农民父老们对家庭被破坏和分裂的极大痛苦和不安。对此将另外专述。

完整家庭的裂变，使动雷村出现了一些全新的经济动向，也在动雷村造成了一系列严重的社会问题。这是中国历史上前所未有的新问题。当然，这类问题正处于形成和发展的过程中，其后果和结局如何，目前尚有待观察。无论如何，这种现象需要高度重视。

三　农户家庭收入分配的复杂化与新形态

1. 家庭经济来源的破碎化与复杂化

由于原来的完整家庭的“破碎”，导致统计学上的“家庭收入”构成和“收入来源”以致“收入分配”，都发生了重要变化。

中国传统意义的农民家庭收入，就大部分农业地区和家庭而言，主要是以农业（狭义的种植业）为主，辅之以林、牧、副、渔业，其中副业内涵较广，包括家庭工业（手工业）收入。无论是农业和家庭工业，大体上都是一个家庭通过家庭成员的劳动，在农村同一地域的生产所得。在一般意义的古代社会即鸦片战争前的两千多年中，情况大致如此。自 19 世纪前期西方资本主义入侵后直至新中国成立的一百多年中，农民家庭经济的构成虽有相当程度的变化却远未发生根本性改变。之后虽然在集体化时期农民家庭经济完整性一度遭到破坏，但 20 世纪 80 年代后又在家庭联产承包责任制下得以恢复。但是，目前动雷村的情况却与中国农民家庭产生后的数千年状况有极大不同，真正说得上是又一次“数千年来未有之巨变”。由于分裂成不同地域、不同的产业部门——城市与乡村、工业与农业——的不同部分，又分别由不同的家庭成员去投入生产劳动（或资金或技术），因而就不能形成统一的“家庭经济收入”范畴。如果仅仅计算留在农村的家庭部分，又可以据家庭状况的不同，分为完全凭农村农业就可以生活、不能完全凭农业自给而必须部分依靠城市打工收入补充而生存两大部分。在农村农业生产中，实际上又有自给性生产和自给性生产与商品性生产相结合的区别，由于这两者的生产性质和生产成本的计算有重大差异，反映在收入上难以划一。所有这些，都是目前通行的“家庭收入”和“收入来源”统计指标难以准确反映的（实际上，现有“正规”农民家庭收入统计也不能全面和准确反映农民家庭经济收入的全貌，更何况大大复杂化了的动雷村现况）。

2. 家庭收入分配的复杂化和破碎化

正因为上述农民家庭构成的破碎化，不但导致收入本身和来源的复杂化，也必然导致收入分配的复杂化。对每一个家庭而言，收入构成和来源情况不同，分配状况也不同。如有的夫妻年纪在 50—60 多岁，本身尚可进行农业生产，可以凭借现有土地满足基本生活需要，他们就基本或少量依靠外出打工的子女寄钱维生。有的年纪大了，不能过多劳动，无法生产口粮，但还可以种菜和养猪养家禽，他们需要打工子女多寄一些钱维持生活。但是，在农村生活的老人和其他家庭成员，究竟能获得多少外地打工者寄来的钱款，则完全取决于打工者。有的子女要解决留在农村的第三代的生活和学习费用，就多寄一些钱回家，有的则每年寄钱很少。极端者则数年不回家，甚至音讯全无，家中老人只能靠自己惨度余生。由于打工者本身的工作和收入状况很不稳定，多数只能维持自己消费之需，这样，传统中国的以家庭为生产、生活统一体的农户家庭的经济社会功能，就基本瓦解了。

正由于现有户口的家庭单位分成若干个小单元，每个小单元都独立核算即在经济上各自收入和开支，同时各个小单元之间又有相互往来、难以隔绝，而在农村的“留守家庭经济”也会来源于不同的渠道，如此，现有的农村家庭经济调查表的设计指标已很难准确反映真实的家庭经济状况。所以，我们不得不通过家庭成员之间的日常联系，去大致反映农民家庭的经济流向、分配的复杂化特征。当然，这只是极为粗糙的模糊观察，也是在没有精确的统计分析工具之前的无奈之举。

我们拟通过观察打工者与在村家庭间的种种关联，以进一步了解他们的亲情和经济往来。

1. 打工地点的选择

在县内打工 164 人，占外出打工者 701 人的 23.40%；县外省内打工 81 人（含本市区内），占外出打工者的 11.55%；省外打工 456 人，占 65.05%。选择在县内打工，主要是因为有老人小孩在家，有事回家方便一些。也有少数认为县内打工虽工资低一些，但花销也小一些。绝大多数到省外（主要是广东和浙江）打工是图收入高、待遇好、见世面广。传说：“去一年，看地方；去三年，存银行；去十年，建洋房（或买房）；十多年，闪金光（成老板）。”少数在省内打工的，主要是在长沙、株洲等城市有家乡人在那里办厂或开店，可以跟随去工作。这些外出打工者有些常换工作地点，但多数是长期固定在一个地方。

2. 每年与家里的电话联系

据对有人外出的145户共436人的家庭调查，每年给家里打电话10次以上的62人，占14.22%；打6—10次的183人，占41.97%；打1—5次的167人，占38.30%；从未打电话的24人，占5.50%。打电话集中时间为逢年过节、祝寿、红白喜事、探病情之类。打得少或从未打的，一般是对家庭感情淡薄、冷漠，或本人工资低没钱打，或生意忙、务工紧张顾不上打，也有少数是做了坏事受了惩罚而不敢给家里打电话。打得多的人与家人关系密切，对家人关心支持。有的是家里要求每月至少打一次电话，时间长了形成常打电话的习惯，特别是夫妻、母女、姐妹、密友之间的电话联系多，通话时间也长，有的一个月话费高达200多元。

3. 每年寄钱或带钱回家的数量

据对145户外出工作者家庭的调查，外出者436人中，每年给家里寄钱或带钱3000元以上的11人，占2.52%；寄1000—2900元的60人，占13.76%；寄501—1000元的107人，占24.54%；寄500元以下的176人，占40.37%；家里不需要寄的5人，占1.15%；从未寄的77人，占17.66%。这里均指一般情况。实际上有的在家里人患大病、做红白喜事、修建房屋、孩子升中学大学等特殊情况时，得花几千几万甚至十几万元不等。因为打工收入是家里的支柱收入和可靠来源，那些在公路边及城镇建房买房的都是打工族中高收入者所为。寄钱少或从不寄的，主要因为本人技能差，工资收入低没钱寄；或本人患病、发生安全事故把钱用完了不能寄；也有沾染不良习惯或嫖或赌而无钱寄回家；也有对家里有意见不愿寄的。更有甚者，有的在外赌博输了大钱，不但本人收入全赔上，还要家里想方设法借钱还赌债。

4. 每年回家次数

据对有人外出工作的145户家庭的调查，外出436人中，每年回家一次（含几次）的89人，占20.41%；每两年回家一次的222

人，占 50.92%；3—5 年回家一次的 108 人，占 24.77%；5 年以上回家一次的 7 人，占 1.60%；从未回家的 10 人，占 2.29%。每年回家一次或多次的是因为家里有老人或夫妻一方在家的，“打百个电话不如亲眼所见”，“见了面就放心了”。也有因突然变故而回家的。2010 年 9 月 6 组青年陈代瑞母亲病重，夫妇从浙江某厂请假回家照顾，一月后病情好转夫妇才离家返浙。在半路上听到母亲病故的消息，立即下火车赶回家料理丧事。类似的事情几乎每年都有。3—5 年回家一两次的主要是考虑春运期间车辆紧张、车票涨价，回家给亲朋好友送钱送礼开支大，平时在厂务工忙累，故只好几年回家一次，有事打个电话或寄些钱回家就可以了。也有刚进厂的青年，想学好技术多挣些钱，过几年再回家。从未回家者是因为家里没了亲人，有的只是亲戚留在农村可以不去管了，因而全家放弃故土、抛却乡情漂泊在外。

据上述调查，制表 4-8。

表 4-8　　动雷村部分外出工作者与家庭联系情况调查表

（2010—2013 年调查）

打工户数	打工人数	打工地点人数分布			每年打电话				每年寄（带）钱回家（元）						每年回家次数（包括探病等）				
		县内	省内	省外	10 次以上	6—10 次	1—5 次	从来没有	家里不需	3000 以上	1000—2900	500—1000	500 以下	从未寄带	每年 1 次	2 年 1 次	3 至 5 年	5 年以上	从未回家
145	436	64	31	341	62	183	167	24	5	11	60	107	176	77	89	222	108	7	10
%		14.68	7.1	78.2	14.2	41.97	38.3	5.5	1.2	2.5	13.8	24.5	40.4	17.7	20.4	50.9	24.8	1.6	2.3

说明：由于调查口径和时间的不完全一致，本表数据与表 4-1—表 4-4 不尽一致。只说明 2010 年后至 2013 年间的外出打工人员的部分情况。

从表 4-8 的数据可以大致看出，动雷村外出人口对留守成员的亲情联系和经济往来，总体看似乎并不很密切。每年打电话回家 10 次以下者近 86%；其中从未电话联系的是 5.5%。每年寄钱回家不超过千元者约占 65%，其中不满 500 元的高达 40.4%，从未寄钱者近18%。而每年回家一次者约为20%，3—5年才回家一次者约占25%，还有约2%从未回过家。这种状况，突出了家庭的分裂对每个家庭的巨大打击，尤其是带给留守老人们心灵的创伤、痛苦和无奈。其前景颇不乐观。

第四节　动雷村的老龄化、空巢化与乡村治理

一　动雷村的老龄化、空巢化、贫困化现象

上述情况，使动雷村的老龄化、空巢化、贫困化现象成为当前极为突出的社会问题。

据256户摸底调查资料，动雷村2010年底老龄人口中61—70岁者86人，占全村实有计算人口总数1097人的7.84%，71—80岁者64人，占5.83%，81—90岁者17人，占1.55%，三项合计167人，占15.22%，高于全国1.62个百分点。这些老人大多是空巢老人，仅有二老在家的空巢家庭34户、68人，占老人总数40.7%，仅有一老在家的空巢家庭37户、37人，占22.2%，两项合计71户、105人，占62.9%。其中儿（媳）女2年以上（含2年）不回家的老人家庭34户、51人，儿（媳）女只逢年过节回家的17户、31人，2个儿子以上大家都不管的老人或只1个儿子管的7户、9人，无儿无女的1户、1人。这些老人的命运如何，取决于儿女的孝道如何及儿女的收入水平。

动雷村2012年60岁以上留守老人现状如下[①]：

动雷村60岁以上留守在家老龄人口167人，占全村实有计算总人口（1097人）的15%。其中男75人，占留守老人45%；女92人，占55%。按居住情况、身体状况、养老经济和养老形式分述

① 以下是2012年的补充调查，与2010年底的调查有所不同。严格说来，这两个年度的调查对象的情况是不完全一致的。由于2012年未再进行全村普查，只能采用2010年数据即256户、1097人的基础数，其余均为2012年当年数据。

如下。

居住情况

单身独居（丧偶后儿女外出不在身边）51 人，占留守老人 167 人中的 30.5%；夫妻分居（指一方在城镇一方在农村或一方随大儿子一方随小儿子各居一地）者 8 人，占 4.8%；夫妻同居 108 人，占 64.7%。单身独居和夫妻分居者基本是“空巢家庭”，是真正的“老来难家庭”。他们要自己照料自己，从起居到饮食、砍柴、种菜和养家禽都得自己动手。特别是中小病痛不断，都得忍着挺着，一旦积成了大病卧床不起时，再由近邻通知在外儿女或家人赶来设法抢救。一些人就在治疗不及时的情况下过早去世。而夫妻同居家庭，少数因年老心烦为家务琐事经常吵嘴；多数夫妇能相互关心体贴，有事相商，即便经济不算宽裕，但心情愉快、生活惬意，儿女在外也较放心。

身体状况

身体较好（指较少生病、能做重体力劳动）者 55 人，占 33%；身体较差（指经常生病、只能做轻体力劳动）者 84 人，占 50%；身体很差（指长期患病、行动不便或长期卧床难起）者 28 人，占 17%。10 组 78 岁老农于全耀全身瘫痪，已卧床 8 年，全靠其妻子细心照料。5 组 63 岁农妇于已玉患病 4 年，全靠其丈夫担负全部家务并照料病人。很多打工者深有体会地说：“老人的健康就是自己的幸福，老人患大病，我们财就发不稳，坐立不安神了。”

养老形式

分两种：一是居家养老，指夫妻同居或和在家儿女同居同劳动，或单身老人有 1—2 个儿女在家边劳动边照顾。二是“空巢家庭”。“空巢”者多是 70 岁以上高龄老人。4 组 89 岁老人于长嫆、81 岁老人杨莲桂，6 组 82 岁老人于辛香、78 岁老人陈历坤等，都是独自在家，儿女孙辈都外出打工，他（她）们经常带病砍柴、种菜、做家务，平时找个人讲话都困难，孤独、寂寞使生活雪上加霜、度日如年。随着时间推移，这种状况只会越来越多，越来越严重。

从经济形式分，养老又有不同类型，可以按全养（指由儿女全部负担生活）、半养（指儿女负担和自己劳动收入各占半）、不养（指完全由老人自劳自养或儿女只提供少量补贴）三种分类。全养者78人，占46.71%；半养者52人，占31.14%；不养者37人，占22.16%。全养的多是年龄大、经常患病的老人，他们的儿女收入高、财力足，所以供养得起。不养的主要是老人身体健康，能干活挣钱养活自己，不需要儿女负担；也有的是儿女本身不富裕又不愿负担，老人只好自己拼老命养自己。半养家庭比较和睦，老人自己力所能及解决生活所需，子女再供给一部分，能做到供需平衡或自给有余。这样子女负担减轻，自己适当劳动，"两全其美"。

再观察留守老人的痛苦状况：

几位老人向调查者诉说了自己的痛苦：

4组81岁农妇杨莲桂："我盼儿子真回家，守正业。"

"我女儿早年出嫁，我仅有一个儿子、儿媳和孙女，一家4口人。他们3人在浙江打工十多年，几年不回趟家。每年儿子付个千把元给我买粮吃，我平时就用种粮补贴款和女儿给的钱买油盐。我左脚因修国家公路负重伤残废，平时走路很艰难，但还要种菜养鸡搞柴火做家务。生病了，就托人请嫁在邻乡的女儿来伺候照料。我现在住的是民国时期的老木屋，陈旧不堪，经常漏雨。仅有一床老棉被，用的炊具和工具都是三四十年前的。一个人在家，腿又带残走不动路，无法到邻居家去玩，幸亏邻居于婆婆隔几天来陪我说说话，不然我在家不饿死也会愁死闷死。今年我寿日儿子回来给我做寿，买了很多菜，邻居也来了十多个，大家吃得很开心，我也被儿子的一番孝心感动落泪。原先他说在家一边种田、一边照顾我过日子，可是过了一段日子，他打牌输了不少钱，就又出门打工了，我空欢喜一场。现在年轻人都出门打工花了心，忘了家，都只想在外面吃快活饭，可是大家都不种地，饭从何处来？小家如此，国家也是一样，国家无粮江山不稳。我盼儿子认清形势，回家来种田，多搞经济门路，走正道赚钱，一样能致富。”

我们看了老人的家园，只一幢四排三间正屋，外搭一个放杂物的茅棚，烤火取暖兼厨房的屋里，一个鼎罐，一口铁锅，碗柜里有4个菜碗，7个饭碗，民国时做的一张木板床上，一条薄床单、一条旧棉被，挂的是1966年买的蚊帐，一口木箱放衣服，一个米桶放米。安有2只照明电灯泡，一只10瓦，一只5瓦，一年用电不到20度。这就是她的全部财产。

8组70岁村民陈历恕：

“我今年70岁，1个儿子儿媳4个孙子女，她们都住在邵东县。我和妻子分开住30多年。她先是帮女儿带小孩，孩子带大了，她就在城里做小生意，混得还不错。我是一边种田，一边做手艺——搞油漆工艺，帮人漆家具、漆棺材等。收入能保家用。我是割漆树上的生漆做涂料，但是现在用化工涂料，我用不来，出去做工少了，收入自然就少了。今年我种8分地绞股蓝，前期雨水太多，苗子被浸泡死完，后来也无法补救，只得另想办法挣钱保家用。我儿子媳妇在浙江打工，所生3个孩子都在邵东外婆家带大，现都在读书，他们经济负担很重。我暂时还不需他们养老。过几年我年岁更大了，种不动田，挣不了钱，就得靠儿子媳妇养老了。人人都要老，谁也走不脱。养儿为防老，老了有依靠，养老天经地义，谁也推不脱。我相信儿子会行孝尽责。”

7组76岁农妇龙长花：

“人家少养老，我家老养少，今后我们靠谁？”

“要讲命苦，我是动雷村最苦命的人之一。我仅生育一个女儿，早已出嫁。为传宗接代，我从娘家哥哥手里接他一个儿子作崽。他有点呆傻。我为他娶了媳妇，并生育一女一男。就在他儿子 6 岁、女儿 8 岁时，媳妇与别人鬼混，两口子经常吵闹，最后离了婚，儿女不带走。我一把泪一把汗地把孙子孙女带大，供他们读完初中，他们却不肯再读。看到家庭这个穷样子和我一分一厘地攒学费，他们不忍心读书，十五六岁小小年纪就出门打工。孙女打工到了婚龄就出嫁了。孙子刚到沿海找工作，几个厂都不敢收，后来借用别人 19 岁身份证才进了厂。这么小的人学技术也难。开始一月工资不满千元，仅供他个人糊口。去年加到 2000 元，也没钱寄回家。我只能让他在外面继续打工挣钱，为今后结婚生孩子用。我接的这个儿子没有任何技能，只会每天看看牛、砍砍柴。丈夫 76 岁，年迈体衰，种不动田了。家里的千斤重担压到我头上。我也是 70 多岁的人，也体迈多病，但我绝不能松神，只能鼓足一股气，千方百计找生活门路，种不动稻谷就多种蔬菜、种绞股蓝、养鸡鸭。每逢乡里赶场（5 天一次）、县城赶场（7 天一次）我都挑着东西去卖。到乡里赶场来回 30 多里不坐车，步行，还忍着不吃中饭。就这样一分一厘地挣、一分一厘地省。一年下来卖东西得三四千元，省了几百元路费和中餐费，基本能维持简单家用。但我们夫妇过一年老一年，种粮和挣钱是越来越难了，不但要养活自己，还要养活这个 40 多岁的呆傻儿子，怎么办？只有靠共产党和人民政府，靠地方的干部还有邻居们，解决好我们这样特困家庭的养老问题，使我们老有所靠、老有所安。”

6 组老人陈历坤说：

“我今年 78 岁，1 个儿子儿媳 4 个孙子女，年前他（她）们陆续赶回家，春节前后一家人团圆热闹十来天，春节一过，他们陆续离家去打工，家里好像刚燃旺的一盆大火突然被一盆冷水浇熄了，我难过了好几天。我浑身有病，干不得重活。但我要生活，不得不带病劳动。儿孙们要我多休息、少干活，这只是一句安慰的空话。你们远在天边，我不煮饭谁给我煮？我不种菜谁给我种？我只盼望党和政府取消打工就好。”

12组老人陈兴容80岁，生有2子1女。她50岁上丈夫病逝，大儿子未成家病故，二儿子在小孩不到3岁时也病故，媳妇嫁人了。她把孙子抚养大并读完初中，家里原来就因几个人治病欠债几万元，为了还债和今后生活，孙子只好放弃读高中的愿望赴沿海打工。剩下她操持家业。近几年因病不能劳动了，不得已到她500里外的女儿女婿（家住邵东县）家住。邵东没有森林只烧煤，从烧惯柴火的地方到没有柴火的地方住，老人很不习惯，但不习惯也得习惯，她认为生总比死了好。她常对邻居说：“我最怕的是晚上，一到晚上人家屋里有讲有笑，吃完饭一家人看电视，多么有味道。我呢，一个人坐在屋里发呆，睡觉后经常梦见和死去的丈夫儿子在一起，醒来后只盼着天快亮啊！”

8组72岁老农陈远权：

“要从小抓行孝教育。”

“记得我读小学时，老师就上过行孝、养老的内容，如‘入则孝出则悌’的章节、‘养不教父之过’、‘羊有跪乳之恩、鸦有反哺之义’，‘孝顺还生孝顺子，忤逆还生忤逆儿。’……学校里笼罩着敬父母尊老人的浓浓气氛。现在学校不教这些内容，就丢掉了中华优秀传统。人一长大，就只顾自己享受、不管父母冷暖。这样的人一多，社会就要变乱。乡村应经常表扬行孝尊老的典型，批评不孝不忠之人，弘扬正气、压制邪风。我们老人也应该把自己的子孙从小教育好，从点点滴滴的事情引导好。苗正才能根深，根深才能长成栋梁。”

12组62岁村民杨映明：

“农村也应逐步实行疗养机制。”

“我家有两个常养病人：一个是妻子患严重腰椎间盘突出症和风湿性关节炎，多次治疗也未见好，在家里有时痛得喊天，也只能吃几片药贴点膏药暂时止痛，已有五六年做不得事了。另一个是儿媳妇，她大脑神经麻木、浑身酸痛，到市里大医院也治不好，也8年多在家养病。家里大大小小里里外外就靠我们父子二人拼命做。我们要种8亩多田解决粮食问题，要种菜喂猪养家禽解决吃菜问题，要洗衣服被子，还要做些牛生意（指耕牛买卖经纪人）和打零工挣钱供孙子读书及为病人治病买药。几年下来胖人累成瘦人，满头白发，自己原先没病也累出毛病。听城里亲戚说，大多数单位干部职工每年到疗养院疗养身体。现在搞城乡一体化，农村也应逐步建立疗养机制，使这些长养病人有个专门地方调理照料，使病有所护、老有所养，我们也能轻松愉快地做工挣钱，切实解决我们这些因病致贫的家庭困境问题。"

所有这些空巢老人、高龄老人和年轻因灾因病致贫的贫困户，都逐步陷入了贫困化的泥潭里。老年空巢家庭在迅速增多，农村高龄老人、失能老人、残疾老人、独居老人不断增多，他们的照料护理问题越来越突出。

图4-10　动雷村4组"空窠"老人杨莲桂居所（2011年）

图 4-11　杨莲桂家的厨房（2011 年）

图 4-12　79 岁的杨莲桂（2011 年冬）

图 4-13　动雷村三位“独身”老人在接受作者关于家庭情况统计表的调查（2011 年冬）

图 4-14　面对我们的是陈代焕，59 岁。他家 5 口人，儿子、儿媳在广州打工，儿子是一家公司的管理人员。孙女 6 岁，由老婆带在身边，住在县城，以接受更好的学前教育。农村就只剩下陈代焕一人，烧饭、日常生活全靠自己，还要从事 4 亩多的农业种植。老陈身体有残疾，又患有冠心病等数种病，一个人的生活过得很艰难。每次说到这，他都不禁流下眼泪（2011 年冬）

图 4-15　陈代焕与老乡亲们谈到孤身的痛苦时禁不住大哭。身边的陈历芳老人，62 岁，儿子外出打工多年，从未与家中联系，更谈不上寄钱，家中只剩下老两口。去年儿子又将老伴接去照顾第三代，只剩下陈历芳一人。陈历芳有严重的气管炎、高血压等病，不能从事重体力劳动，主要靠养猪、牛各 1 头维持生活，负债 4000 余元。谈到苦处，也流泪不止

二　谁来种田和管护家园

20 世纪 80 年代中期，动雷村人随全乡、全县外出打工，到 90 年代外出劳力超过一半。据 2010 年的村情摸底数据，到 2010 年底，全村 256 户中，全家外出者 76 户，占 29.7%；部分外出家庭 166 户，占 64.8%；全部人口在家者仅 14 户，占 5.47%。全村外出人口 701 人，占计算总人口 1097 人的 63.9%，外出劳力 523 人，占总劳力 771 人的 67.83%。与此同时，家乡的田园也一年比一年扩大着荒芜面积。18—60 岁的实际劳动力中，在家务农劳力 157 人，占总劳力的 20.36%。这些劳力不全务农，农闲时还要外出打临工 30—80 天。按一个青壮劳力种 5 亩田土计算，只能种 785 亩，搭上 61—80 岁估计尚能劳动老人约 67 人按每人种 2. 8 亩计算，也才 180 余亩，要荒芜 320 多亩。最先外出打工的高坡组，至 2010 年底抛荒耕地 64. 3 亩，占本组耕地的 34. 01%。抛荒最多的四队片 3 个组，共抛荒 120. 2 亩，占本片耕地面积的 47. 27%，占全村荒田总面积的 37. 18%。如老子脚、棉花冲、水坡界、苦李坳等，每处都有 20 多亩的山冲成片荒芜，田中茅草比人还高，田坎上的茅草有 2 米多高，生活在村里的男女老少不到总人口的 1/4，只能耕种离屋近些的田地。部分缺少劳力户还要倒贴钱物请人耕种。70 多岁的老农陈远辉说，他种 4 亩多田是拿命来种。70 多岁的老农陈历泗，1. 4 亩田从种到收都请工，所付工资外加种子、化肥、农药，每亩田倒贴 80 多元。他说，这是在自家田里买高价粮吃。至 2010 年底，全动雷村抛荒水田 323. 3 亩，旱土荒 62 亩，疏林面积 2060 亩，荒芜油茶山 700 余亩，果园 164 亩。全村 46 个大小院落中，共有房屋 336. 5 栋 1031 间，完全无人住的 23 栋 71 间，占 6. 84%；只有 1—2 位老人住的 297. 5 栋 909 间，占 88. 4%；全家人都住的 16 栋 51 间，占 4. 75%。农村萧条、衰落的四个特征：人口大减、田土荒芜、房屋破烂闲置、畜禽稀少，动雷村都具备了，而且还呈上升之势。

如今，一些老人和基层干部面对大片荒芜的田地和闲置的宅院，无不忧心忡忡，青壮年劳力和有文化的劳力都进城打工了，而且出去再也不愿回来，小孩一长大只盼着外出打工，今后谁来种田地？谁来管家园？这不是 20 年前“谁来养活中国”的升级版，而是我国工业化、城镇化加快的过程中必须面对的现实问题。6 组 46 岁男村民陈代森说：“我们全片共 241 人，外出 193 人，在家的只 48 人，其中 18—60 岁劳动力 35 人，如果水田全种，每个劳力要种 10 亩多，加上田偏远零碎，就是哭也哭不出来，现在种上这一半多的田还是很费力的。”因为林区农村不比丘陵、平原地区农村，

图 4-16　被遗弃的旧屋

图 4-17　动雷村中并不少见的破旧木屋

田土分散、零碎，路程远又是爬山越岭，种田很辛苦，花工多，加上买种子、化肥、农药、薄膜、请零工等开支，所赚不多。几个种田户算了一笔账。一亩田产净燥谷 800 斤，每百斤 120 元，计 960 元。需开支：种子 2 斤 50 元，种秧化肥农药 20 元，底化肥 100 斤 100 元，追肥化肥 60 元，农药 60 元，请耕田机犁耙 180 元，打谷机用汽（柴）油 12 元，合计 482 元，还不包括购买农业机械（如喷雾器、耕田机、打谷机、薄膜、板车、麻袋、锄头、镰刀等固定资产所摊的费用），投入占产出的 50%。从种到收需人工 20 个，均未折成工资计入成本。但有缺劳力的户插秧、收谷请人工 5 个，每个人工 100 元，合计 500 元，加上前述化肥农药种子开支共 982 元，倒亏 22 元。所以一些青壮劳力说："种田风里来雨里去，战严寒顶酷暑，又脏又累还赚不到钱，打死我也不想种田！"

少数村干部想引进外商搞开发，马上有人嘲笑："我们村仅有稻田 1092 亩，又分布在大小 136 条山冲里，共 3871 坵，亩均 3.17 坵，要开发先修路，光修这些田间道和灌水渠、贮水塘等没有几百上千万是干不成功的，这些高投入换产出怕是'飞机上放鞭炮——响（想）得高'"。对于房屋闲置问题，据了解，完全无人住和只有 1—2 人住的共 320.5 栋 980 间房屋的这些户，托人看护的占 46%，无暇顾及的占 36%，任其闲置的占 18%。这些户中准备在外建房或买房的占 32%，准备今后拆掉重建新房的占 41%，没有打算听之任之的占 27%。从以上看出，农村已成空心化，陷入"农村人才和劳力外流—农村日渐衰落—农村人才和劳力更外流—农村更加衰落"的恶性循环的怪圈。已经有人质疑农村青壮年劳力大量外出打工是不是农民增收的唯一途径和长久之路？农村人口老龄化、农业劳动者素质下降、数量锐减，对农业的发展和国家的稳定是不是致命的问题？

三　乡村治理与农村民主建设

1. 村民自治与上级领导

基层群众自治是中国民主政治 21 世纪发展的重要逻辑起点和

现实基点。村民自治是村民委员会组织法规定的，是农民行使民主权利的重要形式，也是农村管理的重要形式。村委会组织法规定乡镇与村之间是指导与被指导的关系，村委会协助乡镇开展工作。而村委会（含党支部）工作的好坏，大多取决于乡镇领导的思想意识、工作作风和对村委会指导的正确与否。乡镇对村委的工作指导，从税费改革以来，相对而言减轻了很多，村委上缴的矛盾减少了很多。从近几届的实践看，乡镇对村里实施指导主要在五个方面。一是对村委换届选举的把关上。哪一届乡镇领导决策正确，作风扎实、措施得力，就能选出有真才实学、公正廉洁、肯干事、会干事、干成事的好干部。如果乡镇领导本身对用人有偏见，或指导不力，就使懒人、庸人甚至坏人当选，会贻误一方一届甚至几届的发展。二是对重大建设的支持上。村组要修公路桥梁、水利设施或硬化道路，往往碰上缺资金、占田土山林处理补偿等棘手问题。这是村组最盼望上级来关心支持的。乡镇领导如果扑下身子深入现场，指导和帮助村组干部解决资金困难和化解矛盾，就能使那里的工程进展顺利、质量优良，上下级关系、干群关系就会融洽起来。三是重要项目的争取上。乡镇领导如果每年能给村组争取项目发展经济、改善民生，老百姓会非常感谢。四是日常工作的指导上，包括指导和支持村委会办理公共事务和公益事业、维护社会治安、调解民间纠纷、落实计生措施、建立健全社会化服务体系、制定年度指导性计划供村委会参考、对村干部进行政策和业务培训等，这些工作如果指导得经常、扎实，既能使全乡镇工作生动活泼，又能大大提高村干部的政策水平和业务能力。五是突发事件的处置上。林区农村有时有难以预料的自然灾害如山洪暴发、泥石流、冰雪雹灾，还有山林房屋火灾、重大车祸等，这时最需要领导亲临现场指挥救灾、安置灾后救济和灾毁恢复工作。2008 年 10 月 13 日晚上，乌塘组乌塘团发生房屋火灾，10 户村民的房屋被大火熊熊燃烧，乡里四大班子和在乡的全体机关干部第一时间赶到现场，指挥村民扑火，尽管风大火猛，最后还是使一户免受重大损失。乡党委政府又及时指导灾民安置和灾后重建，体现了党和政府的温暖。乡镇对村委会实施指导，村委会必须协助、配合乡镇开展工作，这是一种互动关系。如果只有一级的积极性，这种积极性不会持久，甚至会产生矛盾。近几年相当部分村干部表现消极落后。有的不干工作、只干私事，白领工资；有的沉迷于打牌赌博；有的侵吞集体资源、贪污腐化；有的将上级的照顾资金、物质和低保待遇安排给自己或自己亲友，而该享受的却没有享受；有的对提正确意见的群众打击报复。这些村干部基本上是靠贿选当上的；有的本身就是上级领导的亲友，才敢胆大妄为。群众说现在干群关系不是鱼水关系，而是水火关系。盼望上级多出包青天来惩治他们。

2. 自主权与民主选举

民主选举、民主决策、民主管理、民主监督是村民自治的基本内容和关键环节，而在整个村民自治体系中，民主选举是搞好村民自治的前提和关键。民主选举既是民主决策、民主管理、民主监督的前提和基础，又是村民自治活动最重要的环节。自从1998年新的村委会组织法实施以后，使每三年一届的村委会选举有法可依，程序的可操作性使选举更加规范。

在最近几届村委会换届选举中，因新的村委会组织法面对新形势、新变化，仍显得太简略太粗糙，有许多“空子”可钻，选举违法违纪普遍，对日后工作带来严重影响。一是选举贿选成风。候选人除了利用家族势力、亲属关系进行竞争外，常用且有效的手段就是贿选。候选人为达到目的，会采用出钱购选票、或给选民发放物品、或宴请选民、或私下向选民许诺、或临时给有号召力的选民帮忙、雇请社会上的恶势力帮助监选等多种手段。这些候选人不惜巨资、不择手段，耗尽心机去竞选，目的就是“权”和“钱”。其直接后果是村集体账目混乱，不公开，贪占集体资源和国家物资，村干部之间争权夺利，干群关系紧张，严重影响了经济发展和社会稳定。有的村候选人为争选票，打架伤人事件屡见不鲜。二是“富人”“能人”干涉选举。一些所谓“能人”“富人”长期不在村里居住，在外靠非法牟利发财的人，或原先在村里侵吞集体大量资财逍遥法外的人，他们在物质金钱富有之后，想在政治上谋职，目标直接指向村党支部书记或村委会主任，这种政治身份会给其带来更多的可信感和话语权，进而得到更多的利益。人际交流上会更被尊重，带来更多的风光面子。他们大肆请客送礼、甜言许愿、拉帮结派，甚至现金交易，挖空心思达到目的。一旦当选后，这些人“见钱眼开、为富不仁、仗势欺人”的劣根性就会不断暴露出来，给村里发展带来新的危害。三是罢免维权难以实现。犯严重错误或不作为或者是贿选上台的村官，有的有上面的“保护伞”，有的有社会的“护身人”，有的有党员干部队伍中的帮派势力，如果提出罢免的人员属弱势群体或“底子不硬”，是怎么也罢免不了他的。有的村民甚至说：“村主任连续当三届离任后可享受离任补助，人家再坏让他当满三届算了。”当应该罢免的村官了解到提出罢免诉求的主要人员后，会对提出人进行疯狂的报复。四是选举周期长，程序过于复杂。从村委会选举规则来看，整个过程有四大阶段，每阶段又有很多小项，选举活动如果整个程序走下来，要花一个多月时间，这一个多月一则影响到农村生产生活秩序，二则给贿选者提供了宽松活动时间。如不按这个程序走，就被认为是违规，搞不好会被全盘否定整个选举，推倒重来，加大选举成本和难度。五是村干部任期短，影响干事积极性。他们说：“一年看、二年干、三年等着换”，工作没有长远打算。该坚持的原则不想坚持，怕得罪了人丢选票。许多村官认为，选上只能当三年，能捞则捞，能用（权）则用，有权不用过期作废。任期短助长了村官的短期行为和腐败行为，也影响了农村社会合理有序的发展。

3. 基层干部腐败对林区建设造成危害

林区农村一些基层干部主要是村干部，以权谋私，以业谋私，特别在青山拍卖、集体林木交易、填证造册中贪污受贿，吃、拿、卡、要尤为突出，不仅严重侵吞集体资源和利益，破坏了干群关系，而且为今后社会矛盾的爆发埋下了隐患。

（1）青山拍卖

一些村干部在青山拍卖前的评估作价中，对自己私买、亲友和相关单位干部来买的青山作价很低，对其他人来买则作价很高或偏高，致同一块山有双重标准。

在招投标过程中违反制度和相应法规，有的招暗标，即村干部与投标人事先做了手脚，排挤其他投标人。有的搞假投标，名义上公开投标，实际上先给意中人透露全部信息，给其他投标人设置障碍，等等。有个别村干部不干村内工作，主要做林木生意，在青山拍卖中大发横财，牟取暴利。群众说他们捞了票子、盖了房子、买了车子、养了儿子。对这些人恨之入骨。

（2）集体林木交易

集体在修路架桥、修水利等建设中砍伐林木或拆除公共房屋木料时，一些人利用职权侵吞木料变卖捞钱。

（3）划定自留山和林权改革的填证造册工作中，少数干部将四至界线扩大，为自己或亲友侵占集体的或他人的林地林木；或故意模糊四至界线，或私自将自己或亲友的非优林地偷换成优质的集体林地，或故意张冠李戴，将他人林地填为自己的和亲友的。从20世纪80年代到2009年，部分村都有上述问题。

第五章

林区农村保护生态与发展的建议

第一节　保护生态与山区开发良性互动

一　总结经验，坚持按客观规律办事

近三四十年来，人们因违背自然规律盲目开发、疯狂掠夺式地消耗自然资源，特别是森林资源，致使生态失衡、环境破坏，饱受大自然的惩罚。在痛定思痛中，人们总结历史经验，在对自然规律运行与生态保护和经济发展的实践中认识到，全国、全省及全县环境形势越来越严峻。环境污染正在从城市向农村转移，从人口稠密区、经济发达区向人口稀疏、经济欠发达地区如林区农村转移，从常规性污染向非常规性污染、有毒有害污染转化，从浅层次向深层次的环境问题演变。老的问题没有根本解决，新的问题不断出现。这些问题在短期内难以改变，对资源环境的压力继续加大。只有扎实推进生态文明建设，才能从根本上协调人与自然、人与人的关系，彻底解决生态环境问题，达到标本兼治的目的，增强可持续发展的能力。

生态文明建设与可持续发展的根本途径是转变经济发展方式，要建设以资源环境承载力为基础、以自然规律为准则、以可持续发

展为目标的资源节约型和环境友好型社会。

根据动雷村林区农村特点，在今后生态文明建设和经济发展中，必须遵循以下自然规律。

（1）遵循生态平衡规律，坚持优先生态效益，提高经济效益，多予少取。林区姓“林”，必须以林为主，建设现代林业。动雷村林地面积占全村土地总面积的 80.43%，达 12045 亩，而耕地只占 11.44%，其中水田 1091.49 亩，占 7.33%。在粮食短缺时代，全村水田 1206.0 亩，占 8.05%，旱地 400 亩，两项合计 1606 亩，占 10.72%。那时要凭这些耕地提供上交国家任务 195000 斤外，还要留种子 15000 斤，饲料粮 13200 斤，口粮 214900 斤，人均 390 斤。而且人口在逐年增长，上交国家任务（主要是统购和卖超产粮）也逐年增加，自然必须“以粮为纲”，于是就产生了“毁林开荒种粮”、“三光积肥”稳粮和增粮的行为。但在 1958 年前，由于当时交通不便，加上木材价格很低，木材砍伐少，森林资源消耗小，整体生态没有遭到破坏，林木保存尚谓良好。1958 年“大跃进”，林区受到一次严重摧残。到 20 世纪 80 年代中期以来，由于放开木材经营，木材价格大幅提升，市场需求紧张，砍伐量随之猛增，加之实行全砍全造，造林和种粮发生了季节、劳力矛盾，导致造林、管护跟不上，对林区造成了持续性损害，“密林变疏林，林区变荒山”的景况愈演愈烈。后来实施了杉木速生造林项目，进行“全垦全造”和“挖大穴”造林方式，又造成大面积水土流失和林地肥力下降，反过来又影响到林木生长，连带影响到农作物生长。这种开发超越限度，调节失灵，生态平衡就严重失调。自从 20 世纪 80 年代后兴起的打工潮，在一定程度上使山林破坏程度有所缓解。全村人口外出 2/3，精壮劳力外出 3/4，在客观上对保护生态是有利的。一是人少了，减少了建房、制家具和烧柴对森林的消耗，有利于促进大径材的培育，增加林木储蓄量，少砍必然少垦，有利于增加植被，保持水土。二是可以扩大退耕还林规模，在现有水稻面积上可以抽出 1/3 的缺水干旱田、偏远田、小块梯田造林（用材林、果木林或药材林），既减少抛荒田，又保生态又创收。三是减少干旱季节这些干旱田与水田争水、争肥的矛盾，确保水稻田水旱无忧，稳定增产。现在不交“皇粮”，又有大量人口长期在外，1/3 的人口种 60%面积的粮食是完全自给有余的。四是缓解了粮田扩充与林争地的矛盾，有利于促进资源多样性和生物的多元化。

但是，如前所述，大量青壮年的离村，致使农村陷于严重空心化，短期虽因人口外出对环境的压力有所减轻，但从长远看，缺乏有文化知识和责任感的青年一代，科学建设山区农村和正确恢复林区生态是无从实现的。农村空心化绝不是实现人类社会和自然界的科学和可持续发展的方向。如何真正实现林区的生态保护与经济建设同步发展，是一个需要认真探索的大课题。

（2）遵循自然节律规律，改革采伐、造林方式，大力增加植被、提高林地肥力。自然节律是指自然地理现象、生物现象随时间变化的规律性，主要是因水热对比变化引起的。自然资源特别是森林资源随时间的变化，一方面可以是一些类型或现象的消失，新类型、新现象的出现；另一方面可以是数量的增加或减少，质量的优变或劣变。自然资源随时间的变化具有一定的节律性，应适时、适地、适度地科学利用自然资源。以采伐、造林为例，各树种材种都有一定的生长周期，杉树、松树 30—40 年为一生长周期，满周期采伐时，材积多、材质有硬度和韧度；而楠竹 3—4 年正常采伐，砍早了竹子太嫩，6 年后老化过熟；阔叶林树中的软杂木速生快长，10 年可以采伐，硬杂木则需 20 年以上才能采伐。采伐竹木要等秋后（10 月份），砍早了木材易生虫且易腐烂。水源林、溪（河）岸林、风景林等应该永远封禁。采伐林木实行小幅（20 亩以内）作业。不能再搞几十几百上千亩集中连片砍伐和造林。成片密林中的过熟林、灾毁林采取“拔大毛式”采伐，稀疏林中空地造林实行大苗补栽。

（3）遵循因地制宜规律，调整林种布局和材种结构，不能随时变更打乱布局结构。在资源开发利用的过程中，要充分考虑自然、资源和社会背景，坚持按自然规律办事。因地制宜的实质是实现资源—生态—经济系统内部各要素间的相互协调。按照动雷村的土壤性状和气候特点，调优林种结构，以生态效益、经济效益的有机统一，加速林业资源培育。一是大力提升楠竹的地位。楠竹生长周期短、见效快，当年垦复低改后，第二年就见效。选择两年生的母竹新造，当年就可发笋，五六年便可成林，以后年年可以砍伐、挖冬笋，持续受益，每亩少则几百元，多则数千元，是一个名副其实的“短平快”项目。同时，楠竹开发具有很强的灵活性，价格低时可以养笋护竹，市场回升时可以加快开发。绥宁县委、县政府 2004 年就专门作出《关于促进竹资源培育和精深加工的若干规定》，县政府 2005 年发布《绥宁县竹产业发展实施方案》，都为竹产业发展打下了坚定的政策基础，且县内几十家大中型加工企业都是竹木加工企业。动雷村虽不具有县内麻塘、水口、河口等竹产业大乡集中连片发展楠竹的条件，但全村过半数山岭都在海拔 450 米以下，且屋旁屋后几百年来都是大小不等的成片竹林，不用新栽，只要保护好竹蔸，它就可以自行扩鞭发笋成林。目前全村竹林不到 150 亩，每亩卖原竹仅 200 根。按 2010 年价，从竹蔸部以上 1.7 米处围检尺，腰围 6 寸 2 元、7 寸 3 元、8 寸 6 元、9 寸 10 元、1 尺 11 元、1.1 尺 12 元、1.2 尺以上 13 元，如果能卖上 1000 根原竹，就可获得 6000—7000 元，10 天时间等于到沿海打工半年的收入。现在在家劳力少，发展楠竹产业是一项花工少、挣钱多、生态好的便利产业。2015 年内发展到 500 亩不成问题。二是巩固松、杉发展规模。动雷村地域是松杉发展的“宝地”。在现有基础上主要是加强护育，少砍多造护育好。不要单一造杉木树种，要造杉、松、阔混交林，形成多样树种、多层林冠，共生互补。如果单造杉木，树种单一，使森林土壤自然肥力衰退，造成树木生长缓慢，导致森林的生态功能及生态调控机制变差，病虫害及森林火灾的威胁变大。恰当比例应是杉三松三阔一。三是稳步发展油茶。动雷村 1962 年有油茶林 1200 亩，1966 年有 1000 亩，1978 年有 700 亩，现在仅 300 亩，绝大部分荒芜成了松、杉、阔参差混交林。油茶是“落籽成林”，只要年年带垦①，正常年景可亩产茶油 4—6 公斤，如果推广新品种，推行新的科学技术，完全可以达到亩产茶油 20—40 公斤的高产，效益更加显著。四是着力坚持“四旁”植树，充分利用宅院旁、路旁、水旁、一切空坪隙地，这些地方离家近，管理方便、水旱无忧，重点发展果木林和药材林及风景林，在已有 1.2 万株基础上可以增加一倍。五是积极实施天然林保护工程。90 年代，特别是 1998 年我国“三江”流域发生特大洪灾以来，国际国内大力提倡森林生态保护，严格控制木材特别是乔灌等天然林的砍伐。天然林对国土保安、农业生态保障、生物多样性保护、特种珍稀用途林的保存等有着积极和不可替代的作用。一方面，有些地方几百年来只适宜生长那种树种，如果将其砍伐后，其他树木无法成活生长，原有树种成林又长，势必造成植被退化、水土流失；另一方面，一些天然林生长周期长，天长日久成了名副其实的“活化石”，如果轻易砍伐，损失就无法弥补。但县里只对国家级、省级自然保护区和珍稀名贵树木挂牌保护，实际上绝大多数村都可以划出一批水源林、风景林、珍稀树木实行挂牌保护，禁止砍伐或只进行更新性砍伐，这既是改善我们的生存环境，又是造福子孙后代的大事。

（4）遵循物质循环规律，坚持封山育林，切实保护野生动物、野生植物。物质循环规律是指自然界中碳、氢、氮、磷、硫等组成生物有机体的基本元素，在生态系统的生物群落与无机环境之间形成的有规律的复原系列。在这个循环往复、不断还原的环形系列中，包括合成与分解等一系列物质转换与能量传递过程。根据这一规律，自然界中的各种物质都按自己特有的分解与化合机理，遵循

① “带垦”即将缓坡或陡坡油茶山按梯田形状进行垦复。

其固有的轨道，周而复始地进行不断的循环。作为资源研究，无疑要参考资源开发、利用、生产、消化及消费后这一完全过程的物质循环与转化特性，“利用”则只是作为自然物质的资源在地球物质循环中的特殊环节。在整个森林生态系统中，森林吸收水分、阳光，为动物、植物涵养和提供水源，吸收二氧化碳，供植物生长。植物被动物吃去，原来的植物蛋白质，又转化成了动物的蛋白质。当动物死后，微生物便把蛋白质分解成氨，其中一部分氨又变成可为植物所吸收的铵盐，使氨素还归给土壤。其他元素如磷、钾等，也是这样流动，周而复始、反复循环的。这种能量流动和物质的生物化学循环，受生物的相互关系所制约，也受生物与环境的相互关系所制约。封山育林是靠母树飞籽或萌芽更新，禁止人畜破坏，实行封禁而成林。一般是4—5年成林，10年后即可间伐利用。在封禁的过程中，只要有计划地进行间伐，注意间密留稀，间小留大，间差留好，即可长期保存森林资源，仅花少量的看山用工和补植苗木工日，就可获得成林、成材快、经济效益大的林子。这种利用森林植被的自然再生能力恢复和发展森林，不需人工整地，植被保护完好，成乔、灌、草“三层楼”，它能保护表土、涵养水源、减少地表径流，有效地控制水土流失，也为野生动物提供栖居和繁衍的环境。通过封山育林，把在长期自然选择中保存下来的适应性强的优良乡土树种全部保存下来，形成了天然混交复层林，加上林下的灌木、草本及其他生物构成了一个较为完整的森林体系，有利于维持生态平衡。这种多树种混交复层林的经济效益，特别是防护效益，要比弊病丛生的人工造林强得多。它保存了乡土适生树种抗性强、产量高的特点，可充分利用地理和光照，浅根和深根性树种、喜光和喜阴树自然组合得当，生物链不切断，害虫与天敌相互制约，不致成灾，促进了生态平衡。森林结构紧凑、复杂，起到了更大的涵养水源、保持水土的作用；枯枝落叶多，易于腐烂分解，有利于恢复地力；丰富了树种资源，经济材种增多，工艺价值大。因此，我们应在森林更新方式上遵循客观规律，改变过去只重视人工造林而忽视封山育林的倾向，把封山育林作为主要方向，结合人工造林，不断推广这方面的新经验新技术，解决前进中不断出现的新情况新问题，这样，可使林地始终维持茂林状态，实现青山常在，永续利用。

（5）遵循能量转化与守恒规律，稳步发展既有的林业产业，努力突破非林产业，使林业资源有一个较好的休养生息期，搞好涉林产业的替代升级。能量转化与守恒规律是关于自然界物质运动的最重要的普通原理之一。在资源—生态—经济系统中，自然资源都可以用不同形式的能量来表示，能量从一种形式转化为另一种形式，且在转化过程中能量的总量不变。能量转换的过程普遍发生在自然资源开发与利用过程中，它包括了能量以一种形式到另一种具有特定目的或更加有用的形式的转换。从本质上看，资源的开发与利用就是物质与能量在地理环境中的转换过程。人们可以根据这一规律，充分利用各种资源的特性和能量效益，广泛进行资源互补与替代方面的研究。动雷村和全县一样，林业资源面临优质后备资源严重不足、径级越来越小、材种越来越单一、材种质量越来越差（因都是中幼林，木质强度和韧度比较差）的局面。要使林业能有一个较好的休养生息期，提高林业产出的数量和质量，满足可持续发展的需要，一方面要稳步发展现有竹、杉、松产业，加大资源培育环节的投入和保护力度，实行有限度的社会化生产；另一方面，要努力突破森林旅游、森林种养、中草药、矿泉水等非林产业的发展规模，培育第二支柱产业。在森林种养产业上，大打“绿色”品牌，迎合国际国内餐饮消费市场中的“土特”潮流和“绿色”潮流，充分做足做透“土”字文章和“绿色”文章。在传统土鸡、土猪以及野生珍禽、兽的驯养和繁殖上取得突破。要充分挖掘丰富的巫傩文化中传统的特色餐饮文化，加以提升、完善，将其中的“古、土”韵味融入商品生产加工中，扩大规模、形成市场。在森林生态旅游上配合县里的森林旅游大宝库，村里完全可以做一些拾遗的小项目，如古树名木景点、原生态小山窝景点、苗家藏书楼景点、古寺庙古桥梁景点、“农家乐”农耕生活景点等，以森林生态旅游和休闲度假旅游为主体，以文化观光、科普推广与研究为补充，大力开发利用。只有当林区的非林产业获得突破性发展，只有当林区的财政和林农收入不再盯着木材时，才谈得上林业真正的休养生息，才谈得上林业资源充分保护和有效利用的协调统一。

二　调结构、转方式，按规划科学开发，从严治林，永续利用

林区肩负着生态文明建设中优化环境和促进发展的双重使命。动雷村长期以来形成“木材卖方、楠竹卖根、水果卖筐”低水平经营和村、乡无规划盲目操作的状况，迄今仍没有得到彻底的改变。为在日益激烈的市场竞争中赢得并不断扩大生存空间，也为不使森林资源开发到极限，必须加快转型。这个转型，自然需要科技的自主创新，需要结构的优化升级，更需要发展思维、法制手段和管理水平的深刻转换。

积极推进林业增长方式由粗放型向资源节约型、环境友好型转变。

1. 资源上由原料型向加工型转变。精深加工是林产增效最重要的一环。进入 2000 年以来，在县委县政府实施“兴工强林”和“生态立县、产业强县”战略指导下，全县努力构建林业资源加工体系。一方面，大力调整加工结构，开发资源消耗低、资源循环周期短的产品。新建林产工业企业除笋类加工设在瓦屋、麻塘等竹笋集中乡镇之外，原则上都进入袁家团工业园，便于统一规范服务、规范管理和控制环境污染的设施建设。至 2010 年，入园企业达到 11 家，总产值 2.7 亿元。新上竹胶板生产线 20 条，年加工楠竹 500 万根、生产竹胶板 5000 立方米，实现产值 2 亿元，绥宁竹胶板已占全国市场份额的 1/3 以上，成为全国最大的竹胶板生产基地。

另一方面，实行龙头带动搞加工的局面。目前，在联纸、中集、佰龙等十多家大中型竹制品加工企业的带动下，全县有2万多农户从事楠竹初加工，既就地消化了楠竹原料，又为这些骨干竹制品企业提供了源源不断的初级产品原料。产业化规模经营的效果，通过千家万户“连锁反应”凸显出来，至2010年“十一五”规划末，产值500万以上规模工业企业增加到57家，其中非竹木加工企业22家，占规模企业总数的38.6%；全县规模工业产值达到19.4亿元，年均增长22.5%。通过努力，全县林业资源加工体系已建成五大具有市场竞争力的产品开发系列。即以竹胶板、地板条、胶合板、人造板和铅笔板等的板材系列；以高档竹器、竹凉席、竹工艺品、竹笋等的楠竹加工系列；以纸袋纸、纸浆、绝缘纸、松节油、松脂松香、杉蔸焦油等的松杉产品加工系列；以天麻、茯苓、杜仲、银杏等的药材加工系列；以猕猴桃、板栗、尖栗等的森林果品系列，林业资源的加工利用率由25%增加到75%，森工企业已进入努力加强林木深加工，力求减轻生态损耗的发展进程中。

动雷村在县委县政府的领导下，从2002年以来，也努力减少对原木、原竹资源的砍伐，开发资源消耗低、资源循环周期短的产品。原木除每年生产间伐材约100立方米外，天然林基本停止砍伐。原竹也是隔年间伐一次。又大力发展林下和非竹木产品，已开发竹笋、茯苓、香菇、木耳、野生菌、猕猴桃、板栗、尖栗等十多项产品，林业资源的加工利用率由25%升到75%。

2. 在培育和开发上从单一型向多元型转变。一是建立高效林业资源的培育和开发体系。积极实施区域化布局和基地化生产，全县建成东山、鹅公、朝仪、唐家坊油茶林基地，乐安、党坪等地的马尾松基地，麻塘、水口为样板的楠竹林基地，长铺、关峡、寨市、枫木团等地的杂木、杉木基地等十大培育和开发区域；开发楠竹、马尾松、油茶油桐、保健茶、干鲜果品、药材等丰产林基地150万亩。二是推进人工森林资源培育资产化经营，在保证不改变林地用途的前提下允许农户将定权发证后承包的楠竹、松、杉等山林通过转让、租赁、拍卖等方式实现资产变现、滚动开发，从而带动林业生产要素的流动和重组，全县非公有制林业蓬勃发展，形成社会化经营新格局，每年近6万亩人工造林中，社会投资占到80%以上。动雷村每年约100亩人工造林，100%都是山主或买主投资的。三是在林业产、供、销各个环节建立稳固的契约关系，形成风险共担、利益共沾、对外开放、对内联合、林工贸一体化经营开发格局，构筑林业产业化的坚实载体。实施（1）集团公司+基地，（2）工厂企业+农户，（3）服务实体+农户，（4）大户+农户，（5）专业市场+农户等多种模式，保障企业原料供应，保护林农利益，增强发展后劲，确保永续利用。

3. 在生产经营上由传统型向科技型转变。在推进科技兴林上积极努力，改变传统观念，将科学技术的运用渗透到林业生产经营与开发的各个环节。一是实施“科技先导”战略。将科技兴林纳入各个乡镇“双文明”考核内容，实行乡、村分管林业领导的科技培训和持证上岗制度，并加强平时的工作检查与督促。二是加大科技推广力度。全面建立县、乡（镇）、村、厂“农科教、工科教、林科教”多种形式的科技推广网络，积极实施“良种、良法”工程，在充分利用林地自生资源的前提下，推广林果、林药、林菌、林油、林牧等高效开发模式，着重培养和提高林区干部职工特别是林农有关林副、林特产品生产加工的技术和能力。三是突出科技推广重点。主动与有关高校和科研机构联合，选择并组装推广了楠竹低改、松杉间伐和速生丰产、杉木大径材培育、油茶优良无性系列等6大项26小项新技术。林业科技的推广，使全县林业效益显著提高。如低改后的楠竹，亩均立竹180余根，每年新增立竹60根，新增鲜笋130公斤，亩平增500元以上。现在，全县林业科技推广覆盖已达到100%，先后有25项林业科技成果获奖，其中获省、市以上科技进步奖16项。

动雷村也努力提高村、组干部对科技兴林的认识，加大推广科技兴林的力度，在充分利用林地自生资源的前提下，推广林果、林药、林菌、林油等高效开发模式。还主动与林业部门和科研机构联合，组装推广了楠竹低改、松杉间伐、杉木大径材培育、油茶优良无性系列等几项新技术，提高了全村林业生产的效益。如低改后的楠竹，亩均立竹180余根，每年较前增立竹60根，亩新增鲜竹笋130公斤，每亩平均增收500元以上。油茶林低改后，树势生长旺盛，每亩年增鲜果100公斤，折茶油4公斤。

第二节　整顿乡村基层，创新乡村社会组织：几种设想与经验

动雷村有全国其他地区都很难得的优越自然条件，但是环境的现况令人忧虑。为此，当地政府提出了必须立即转变经济建设与自然生态的关系，以及改造、创新基层政治体制的紧迫任务，时不我待。人与自然的良性互动关系，需要有正确思维的人去建设、去实现，而在基层，就首先要求有一个真正为农民群众利益服务的代表和领头班子带领大家去努力奋斗。没有这一条，生态建设也不可能搞好。而基层单位的健康改革，又同时有赖于乡村社会组织的创新。这是一个社会创新的伟大事业，已远超出本调查的范围。以下仅就很有限而不完整的初步经验，提出极初步的几点设想。

一　建立农民专业合作社，走联合互助之路

2011年春，绥宁县被国家林业局正式确定为全国首批“创建农民专业合作社示范县”，专业合作社在助推农民增收、推动农林业调结构转方式、建设生态经济大县中起到了重要作用。截至年底，全县在工商部门注册登记的农民林业专业合作社达198个，占全县农民专业合作社总数的51%。2011年，全县农民林业专业合

作社实现产品销售 2 亿元，社员分红 30 多万元，年销售收入超百万的 16 家。

近年来，县委县政府依托林业优势，持续深化集体林权改革，积极引导农民组建新型的林业为主的合作经济组织和林业经营实体，在营林造林、林木采伐、资金扶持等方面给予倾斜和优惠，培育壮大林木、种植、养殖三大特色产业，鼓励合作社发展农业产业化经营，扩大林木、油茶、中药材、水果种植面积，使农民专业合作社蓬勃兴起。党坪苗族乡龙家村村主任张秀文联合当地 24 户林农建立“油茶股份制合作社”，按油茶山场面积折价入股，共连片开发 7 个山头面积达 800 余亩。入股社员折价投劳炼山整地、栽种两个新品种油茶苗木，包成活、包施肥、包管理，挂果后每年按销售收入 70%返还社员，其余 30%作为社务开支和发展基金。动雷村则将原先集体山（称责任山）9700 多亩在林权改革中，全部分给 5 个林业专业合作社，不分到户，采取“分股不分林、分利不分山，由合作社统一采伐、统一销售、统一造林、统一管护、统一分配”方式，第一轮销售总收入 10 万元以下村里收 20%，10 万元以上村里收 30%作村务开支，第二轮并以后各轮销售总收入全归合作社支配。合作社又在销售收入中支付造林苗木、肥料、造林管护工资和提留 10%作为发展基金后，其余返还给社员。专业合作社为留守家园的老年、妇女解决了部分发展难题和实际困难。一些农户还准备组织种粮和经济作物的合作社，涉足农产品销售、农资购进、农产品深加工，减少中间环节，提高效益。2008 年春因党支部换届，这项管理机制被取消。

二　搞好培训、提高农民素质

2012 年中央一号文件明确提出“加强教育科技培训，全面造就新型农村人才队伍”。并提出要加快中等职业教育免费进程，加大各类农村人才培养计划实施力度，扩大培训规模，提高补助标准，还提出要大力培育新型职业农民，对未升学的农村高初中毕业生免费提供农业技能培训。这为开展农民教育培训工作奠定了政策基础，使农民深受鼓舞。

20 世纪 60—80 年代对农民进行科技培训抓得很有成效。动雷村经常聘请县、乡（公社）农技员来村上课或现场指导，讲授水稻、蔬菜、果木、造林育林等方面防病治虫和栽培管理的技术，普及农业科学知识，全村男女老幼踊跃参加，有的还全家出动边学边用，效果很好，至今许多老农还非常留恋，也为当时提高农林产品质量和效益发挥了积极作用。在当前新形势下进行农民培训，其主要内容应是新品种选择、新技术应用、病虫害防治等应用内容，培训形式根据不同农民对农业培训的不同要求，可以采取集中授课、现场示范、印发资料、组织展览、放映录像等多种形式，激发农民的学习兴趣。县、乡政府等应为涉农部门创造条件，集中时间、场地，重点培训村级干部、种粮营林大户、合作社带头人和农民技术员，通过他们的示范作用，以点带面，扩大培训效果。县、乡级政府应将农林科技培训纳入制度规范，通过相应的激励约束机制，调动本级农技部门的积极性，促进农业科技培训和人才成长。

三 留住和吸引人才

从动雷村外出人口表中看，外出人口占实有总人口 1097 人的 63.90%，外出劳力占总劳力的 67.83%。这些外出的劳动力是文化、技能、视野上占优势的农民，这就导致现有务农群体的整体素质在不断下降，越来越不适应现代农业发展和生态经济建设的需要。要留住和吸引更多人才到农业上来，需要政府及相关部门的更多扶持，营造一个相对灵活、适当倾斜的农业人才留用机制，在工资待遇和相关配套措施上为他们创造安心工作的环境。另外，加强农村基础设施建设，创造良好的生活环境，也是留住人才的条件。县、乡、村三级必须加大对农业基础设施的投入，改善农村交通、电力、水利、通信等设施，提高农村公共卫生、社会保障、教育培训等方面的服务水平，缩小城乡差距，减少农业人才在乡、村生活上的困难，使他们真正扎根于农村和农业。应该让大家特别是农村年轻人看到，从事农业是有前途的，在农村大有可为。

政府可以设立引进农业人才的专项资金，吸引学习能力强、市场经验丰富的农民工返乡务农创业，并探索以专业合作社为试点，参考大学生村官、支援西部建设大学生的政策，对支援合作社建设的农业专业人才给予政策“倾斜”。

四 引进科技项目

如前面所述，目前动雷村与全乡、全县农村一样，留守在家从事着传统农林业生产的人口、劳力大多是科技文化素质低的传统农民，这种依靠低成本劳动力支撑现代农业和生态经济建设发展的空间正在逐渐减少。科技进步已成为农业和生态经济发展最重大、最关键、最根本的出路和措施。除前面所述采取的培训农民、留住本土人才、引进外地人才等措施外，大力引进适合当地现时发展的科技项目也是重要一环。近年来县、乡政府引进的“绞股蓝茶叶”发展项目很适合在家的老年人和妇女实施，虽然销路不愁，但价格较低，管理和采摘用工多，实际效益不高。种了两年后，农民积极性下降。动雷村几户农户算了一笔账：按一华里内种一亩绞股蓝计算，整地、栽苗需要 8 个工，担猪栏肥施于田中需 3 个工，松土除草需 8 个工。采摘鲜叶一个工一般摘 15 斤，亩产 3000 斤鲜叶要花 200 个工采摘。另每 5 天逢赶集卖一次鲜叶要花半个工，一年中采摘期 6 个月大约卖 40 次，折为 20 个工。另外还要花抗旱的工。每亩下猪牛栏肥 30 担，每担从沤制到撒肥折 4 元，合计 120 元，需化肥 100 斤、折 140 元。到了政府驻地的收购点老板只按每斤 1.8 元收购付款，每亩收入 5400 元，减去肥料成本 260 元后，每个工仅得 23 元，如天旱减产。每个工只得 10 多元。“不过，这比种小菜要靠本”，他们深有体会地说。这就说明，在大力引进科技项目时，要考虑能否适合当地的水土气候条件，能否适合该地的人力接受程度，能否带来较好的经济效益，能否不损害该地的环境。只有达到以上基本要求的项目，农民才欢迎，并且能坚持下去。这是低层次的引进。为了贯彻落实省委提出的建设“绿色湖南”的纲要要求，还要大力引进生态建设、环境保护、能源节约和资源综合利用的大中型项目，大力吸引县外、市外、省外相关专业人才来绥宁乡村工作，创造好的环境和条件让他们安心工作、潜心研究、热心服务，不断提升农业生态科技对农村经济发展和生态文明建设的支撑能力。

五　产销直接挂钩，砍掉中间环节，切实维护林农和企业利益

据了解，近年来绥宁县平均每立方米木材销售后的收益分配基本如下：林木权属所有者（含原先村集体山和卖林木农户，简称“权属收入”）约占20%，税费收入约占60%，经销收入（木材经销商）占7%，劳动工资占13%，后三者收益属净收入性质，而权属收益则包括林木成材采伐前十几年甚至几十年的营林、管护等投入成本。核算林木经营十几年、几十年的成本效益，除优质天然林外，近十几年的人工林生产的木材都属于亏损经营，从投资效益上讲“绿色银行”远不如“商业银行”。也就是说，林农的利益被经销方（指经销竹木的单位或经纪人）的流通环节吃掉了相当一部分。老百姓说，这些中间商是“蚂蟥两头叮”。他们打着帮林农推销产品的旗号，实则压级压价，从中大捞油水。过低的权属收益不但严重压抑了农村集体（含现在的林业专业合作社，下同）、林农从事林业经营的积极性，势必也会严重影响绥宁县商品林资源培育招商引资和林地使用权、林权、产权改革的活力与动力。要改革县里林业投入体制和资源培育体制，林业收益分配的合理调整势在必行。需从两方面着力。一方面砍掉中间环节，让产销直接见面，这

7%省掉后，供、需双方各可多得3.5%；另一方面，可通过降低税费征收标准来调整权属收益和税费收益比例，使林木经营者有利可图。或者可以维持目前的财政税收标准不变，但要给企业、农村集体、个体林场业主、私营林场业主、林农户所经营商品林基地生产的木材实行放水养鱼，要像国家扶持出口创汇企业一样，采取退税制和财政补贴制度，从收取的林业财政税费中返回一定的比例。只有农村集体、社会团体、个人、企业乃至外资都把来林区投资商品林资源培育当成家里的事一样重视，觉得有利可图，大有可为，从而放心投资、扩大投资，才能扭转林区林业资金投入和资源培育的被动局面。

六　加强部门支农力度

重视农村、支援农业、关心农民，这是党长期以来的一贯方针政策，部门支援农业、干部与农民三同（即同吃、同住、同劳动）是党的优良传统。在集体经济时代，干部与农民心连在一起、汗流在一起，在参加生产中领导生产、辅导技术，现场解决实际问题。农村实行责任制后，田土分到了户，绝大部分青壮劳力外出打工，留守的人口、劳动力素质不断下降，森林、耕地和水资源出现紧缺，农林业生产成本上涨，环境污染和生态退化日趋严重。为了应对这些新情况新问题，更需要部门支农、干部入户，用深厚的感情来关心农民，用最大的热情来指导农业。现在支援农业的形式可以多种多样。20世纪八九十年代的科技、文化、卫生、普法理论等下乡活动很受农民欢迎，应继续坚持。部门、机关组成工作组长期驻村（一年至三年）扶贫，帮助山村改善基础设施，使农民脱贫致富，更使农民深受感动。在紧张的大忙时节，干部来到田间帮缺劳户插秧、秋收，使这些缺劳户不误农时，及时插秧和秋收。有些干部还掏钱为贫困户买化肥、农药，指导科学种田。有些干部利用电教设备向农民推介新产品、新技术、新经验，提供市场信息，发放技术资料，为农民提供精神食粮。更为重要的是，在长期驻村驻户中，帮助村支两委或农户利用本地优势，找准发展经济的路子，制定所在村近期及中、长期发展规划，并为其往外、往上跑项目、跑资金，加快经济社会发展和生态文明建设，加快全面小康建设的进程。现在乡镇以上那么多的机关部门，那么多的干部，都在忙什么呢？真正忙的是一些主要领导和责任心强、上进心强的少数干部，其余则是“闲兵懒将”，“养在机关人未识”，何不如抽一半至少1/3干部长期实打实地驻村驻户呢？只要真正认识到中央领导指出的“四个危险”，真正不忘党的优良传统，真正地密切联系群众，这并不难做到。其实这也是良性互动，干部从长期驻村驻户中不仅与群众融洽感情，更能得到锻炼，真正提高自己的工作能力和政策理论水平。

七 加大国家投入

动雷村经济基础本来就极为薄弱，为了修学校、架电、修水泥路、修水利等基础设施建设，除了村里自筹和农户集资外，至今还负债16万多元。在这样的条件下，像这样大批的林区农村，建设现代农业和生态文明离不开国家的支持和保护。要在国家继续加大财政支出、国家固定资产投资、土地出让收益和信贷资金对农业的投入的同时，加大省级转移支付力度和市县建立生态补偿机制。以利偿还集体公益事业债务，补偿因禁伐和限伐森林给林农弥补正常收益。在整个林区尝试建立生态补偿和共建共享机制。按照“谁保护谁受益、谁受益谁补偿”原则，实行区域补偿、流域补偿和要素补偿相结合，以点带面，循序渐进。构建以政府投入为主、全社会支持生态环境建设的投资融资体制，探索多形式、多渠道的生态效益补偿方式，努力拓宽生态效益中市场化、社会化运作的路子。(1) 实施区域效益补偿。按照国家和省规划的生态功能区县市，实施绩效评估，充分发挥中央财政和省级财政转移支付的政策导向作用。鼓励引导重点开发区对禁止开发区、限制开发区的生态补偿，提升受保护区生态服务和安全保障功能。（2）试行流域生态效益补偿。在森林、湿地、流域水源和矿产等领域，积极开展下游地区对上游地区、开发地区对保护地区、生态受益地区对生态保护地区的生态效益补偿试点。鼓励流域上下游采取财政转移支付、水源保护协作、异地开发等方式，逐步开展流域生态效益补偿。（3）完善要素生态效益补偿。提高森林生态效益补偿标准。对国家重点公益林和省级公益林的补偿在现有标准上逐步提高。对规划的市、县生态公益林由地方财政实施补偿。探索在生态功能重要地段收购非国有重点公益林。加快建立湿地生态效益和矿山综合补偿机制。完善资源使用权交易、排污权交易，争取设立各类生态补偿基金和国外援助基金。

八　建设好村干部队伍

这是解决好动雷村所有问题中最关键的环节。这规律、那规律，培养一个好带头人、建设一个好领导班子是最大的规律。俗话说，“火车跑得快，全靠车头带”，“打铁全靠本身硬”，“独羊走错害一个，头羊走错害一群”。要建设好社会主义新农村，一个很重要的任务，是要建设既有利于生产力持续发展，又有利于人居的良好环境。这个良好的环境，既包括社会人文环境，也包括自然生态环境，确保农村的改革、发展、稳定，从根本上改变农村的落后面貌。要完成这一重要任务，关键在于有一个好班子——村、支两委，班子中关键又在于有一个好带头人——村党支部书记。在新形势下究竟应选什么样的人当村支书，这是选好村支书的核心和首要问题。对这个问题，部分同志并不十分清楚，心里没谱，一些乡镇党委迫于突击工作的压力，选人不是从发展经济社会的需要出发，而是看家庭和个人势力大小和个人感情，怕不怕得罪人、能不能镇住地盘，因而满足于选拔能完成任务的“守摊人”。这是有的村支书只能稳住班子、守住摊子、应付差事，而不能开拓创新、大办实事、致富一方的一个重要原因，也是造成一个村多年贫穷落后的重要原因。为了有效地解决这个问题，必须抓好两项工作：首先是更新选人观念，树立新的德才观。重点破除四种观念的束缚：一是“求全”观念，用人不要求十全十美，对有争议的能人，要看主流、看本质、看发展，量才使用，更能大胆使用人品好的“偏才”、“怪才”；二是“求稳”观念，不用“循规蹈矩不出问题、四平八稳不冒风险”的人，大胆起用能带领群众共同致富、具有开拓创新精神的人；三是“徇私观念”，不以亲疏、个人好恶取人，而凭公心、公认用人；四是“年龄”观念。以前提倡“老中青三结合”，后来提倡“年轻化”，化就化到30岁以下。其实作为村一级班子或带头人，不能搞绝对“年轻化”，而应凭实绩、实干、实品而不论年老年轻，如果暂时没有合适的年轻人选，不妨让身体健康、德才兼备、公正无私的老干部担任，但最多只能连续任两届，除做好本身工作外，必须压上培养出一个好接班人的硬任务。再就是突出“五有”条件，在能人中选好人。五有是：有坚定的政治立场、有无私的奉献精神、有敢抓敢管的勇气、有开拓创新精神、有带领群众共同致富的本领。这里特别要求做到廉洁、公正。个别少数靠以钱买票或派性选出的人一旦当上“当家”（指支书或村主任），便会以百倍的疯狂捞经济油水和政治资本，根本不会为全村人民认真工作谋利益。因自己屁股上有“屎”，也就“好人好事不愿夸、坏人坏事不敢抓”。近十几年来，林区村少数“村头头”（支书或村主任）私自买卖集体青山，或假招标、招暗标大发横财牟取暴利，都为当地老百姓所深恶痛绝。许多老农说，“应将他们绳之以法”。

有了好“带头人”，但班子配合不好，仍然会影响一个村的发展。它主要表现为“软、懒、贪、散”。“软”是政治立场不坚定，不敢坚持原则，怕得罪人、回避矛盾、推脱责任。“懒”是当干部不管事，或常年在外经商赚钱，撇下村里的工作；或只顾自己家业，对工作不闻不问，名义上是村干部，实际上挂名不管事。“贪”是有的通过不正当手段进入领导班子的人腐化堕落、以权谋私、贪吃多占、欺民扰民。“散”是班子窝里斗、内耗严重、拉帮结派，互不团结、没有合力。对这种班子上级领导要深入调查、摸清底子、找准病根，痛下决心进行调整，该撤职的撤职，该罢免的罢免，该教育的教育，该扶持的扶持，达到纯洁班子、凝聚人心、推动工作、创先争优的目的。群众深有体会地说：头头强、班子强，党员队伍树榜样，群众自然跟着走，村里何愁不变样！

全书总结

本书中记述的动雷村状况，远不能完全反映出该村的历史变动和当前的全貌。真实的生活是极其丰富、复杂和不断变化着的，作者的观察、研究有着很大的局限性。尽管如此，在结束全书写作的时刻，我们仍然愿意提出一些总结性的看法，供关心动雷村的读者们参考。

一、人类和自然界相互关系的“根本原理”是，人类是地球上难计其数的生物物种之一。如果说自然界是一个无所不包的总和生态系统，那么人类只是这个总系统中的一个子系统。任何人都是在特定的自然条件下生存和发展的，无论人类社会“发展”到何种程度，都不可能超越大自然及自然界基本规律的约束。而在人类这个子系统中，经济活动又是生态环境底下的一个子系统，正如一位著名生态经济学家所认为的，环境与经济之间的关系是：“经济是环境的子系统，它依赖于环境一方面作为原材料的输入源，另一方面作为废弃物输出的‘垃圾箱’。”①

在动雷村的悠长历史中，人类活动的能动力十分薄弱，对大自

① ［美］赫尔曼·E. 戴利：《超越增长——可持续发展的经济学》，上海译文出版社 2001 年版，第 8 页。

然的影响力十分有限。新中国成立后，开始了以“人定胜天”精神征服自然的过程。在初期，动雷人似乎取得了胜利：粮食产量显著增加，不但满足了自身需要，还可以完成征购。同时又超额完成了向国家缴纳大量木材的任务，动雷村成为全县的模范村。单纯从物质增减条件看，这一切都是以砍伐山林为前提的。但随着“征服”的推进，林木资源愈益减少，林木收入愈益下降，动雷人也日益遭受到大自然的报复。现在，自然灾害的频率和危害程度较前大大增加，以致一遇连续降雨就成为令全县人担忧的大事。

二、如果说，如何处理好人类社会中的经济发展与自然界关系的相互协调是我国长期未能解决好的一大根本性问题，那么这个问题在动雷村的出现和扩大，又是受到超出单纯人与自然关系的另一方面因素影响的结果，这就是社会制度或体制的影响。在计划经济体制下，全国都执行“以粮为纲”方针，农村集体经济必须完成国家规定的各项任务。动雷村不能不以砍伐山林作为完成任务的手段。而在市场经济体制下，木材成为发财致富的重要源泉，个人、企业都为此拼命，山林资源再次成为掠夺对象。而在林木资源极大减少、已难保证人们的发财欲望时，动雷村的主要劳力涌向外地城市打工，终致形成当前半荒废的“空心村”。

三、无论人—自然，与人—社会的关系，都显示出了动雷村在“现代化”过程中的一些基本特点：在动雷村这样的一度只具有单一林业资源优势的农村，它只有依赖向城市和工业部门输出木材资源获利。一旦林木资源枯竭时，则只能主要靠劳动力输出谋利。这就难以避免动雷村最基本的自然和人力资源的流失并造成农村的凋敝。不解决这种基本资源的大量流失，类似动雷村的农村现代化是不可能的。但是，这仅靠动雷村自身又做不到。只有从农村外部，即从城市引进与保护农林资源相协调而非牺牲和破坏的工业、服务业等产业的情况下，才有希望。而这又只有国家在宏观政策上采取一系列的相应措施才有可能。

“动雷村状况”引起一些值得人们深思的问题。这些问题在“主流”经济学理论中甚少涉及，然而对于动雷村类型的中国农村现代化而言，它们大致都难以避免，是我们不能不关注并力求解决的。

1. 人类为追求自身利益引发的种种行为与大自然的“容忍”限度和“可持续”问题。

2. “现代化”与国情和历史土壤的协调，是“相容”还是“相克”？一个明显案例是农民家庭。人们都知道，农民家庭不仅在中国，而且在一些最发达国家如美国，都是农业生产的最具活力和有效的组织形式。但在动雷村，在城市化的打工大潮中，中国历史的根基——家庭（甚至于核心家庭），却正处于解体之中。它不仅对于农业生产和农村社会经济产生了根本性影响，也会对中国的历史文化传统产生颠覆性影响。虽然迄今为止，其恶果尚未充分暴露，但动雷村村民们已从生活中深切感受到了它的危害。对于占全球人口 20%，其中农民家庭又占绝大多数（包括不能成为正式城市居民的农民工）的当代中国，在最基本的生活、经济、社会细胞家庭遭受严重影响甚至破坏的状况下会出现什么问题？会对社会整体的稳定和正常运转造成什么影响和后果？这恐怕绝非某些“学者专家”所认为的“中国的大家庭会趋同于西方的核心家庭”那么简单吧。

3. 政府作用：动雷村的历史发展告诉我们，哪怕是一个偏远山村，也不可能独立于国家体制之外，它“成长过程”的每一步，都受到“体制内”的决定性影响。这种体制环境的影响，并不能简单归之于当地乡村政权，乃至当地的县、地区乃至更高层政府的“处置不当”。

“以粮为纲”对山林的破坏，市场经济中对林木的劫掠，城市化大潮中形成的农村空心化，都不是各级基层政权更非动雷人所能左右的，这就提出了现代化过程中如何正确处理全国性的宏观管理——远远超出了经济上的“宏观调控”，既包括经济，也包括政治、社会、文化等各个领域——的问题，如何才能最大限度地减少失误，最大限度地增加“正能量”的问题。而这也绝非理想化（教条化）地照搬西方市场经济就能解决的。这可能需要若干根本大法，规定中央与地方、宏观与微观（小到一个村、一户农家）之间的行为规范；也可能需要一个既考虑基层民众的基本权益，又符合全国利益的政治、经济、社会、文化等领域的基本建设。这种基本建设，可能要从一个个村、一户户农民家庭的建设开始，正如30年代中国乡村建设运动的领军人物之一晏阳初所说的：民为邦本，本固才能邦宁。农村建设就是固本工作。中国今日唯一出路是要把广大人力开发起来，把这散漫的民众组织起来，方可成为一个现代有力的新国家。所以复兴民族，首当建设农村，首当建设农村的人。①

也正如德国历史学家彼德·布瑞克教授认为的那样：现代化的源头要从农民的需要、农村社会经济结构的变化和农村社会组织的结构中去寻找。换言之，现代化不是以牺牲农民为代价而发展起来的城市化过程，相反，它是农村和城市的互动，因此，农村的现代化，正是现代化的基础。②

---

① 晏阳初：《农村建设要义》，《晏阳初全集》（二），湖南教育出版社1992年版，第35页。

② ［德］彼德·布瑞克：《1525年革命——对德国农民战争的新透视》，朱孝远“代译序”，广西师范大学出版社2008年版，第5页。

附　录

山区农民的心声
——160户村民随谈录

随谈，是指作者与村民不拘形式、随时随地、无拘无束的闲谈。有时也有目的有计划地对谈，大多是随意中谈起。这比拿着笔和本本我问你答显得自由、轻松和真实。很多村民面对你拿着本本边问边记的姿态，他们就有了戒心，心情紧张，很多心坎里的话就不敢说出来，只能和你“搭客腔”，讲话谨慎。笔者几年来随时随地接触众多村民，海阔天空、远远近近、大大小小地和他们拉家常，时时能感受到他们发自内心的叹息、呼喊、悲痛和兴奋。下面分类摘录他们中的一部分谈话内容，并按问题性质加了标题。

一　关于农村家庭亲情和养老难问题

这部分内容前文已述，不赘。

二　关于种粮成本高、粮农增收难的问题

（一）动雷村3户村民2011年种粮投入产出数据（按亩为单位）

甲（缺劳户）

投入——请人机耕230元，买稻种2斤76元，买化肥140斤

120元，买农药52元，买打谷用汽油12元，新购打谷机1080元、按十年分摊108元，新购喷雾器75元、按十年分摊7.5元，插秧打谷请工3个，每工100元加生活费30元计390元，合计995.5元。产出——收干燥稻谷800斤，每100斤120元，计960元。收支两抵亏35.5元。投入还不包括自己耕作、管理、运输等工夫折价。(下同)

乙（一般户）

投入——请人机耕230元，买稻种2斤76元，买化肥140斤120元，买农药50元，买打谷用汽油12元，新购打谷机年摊108元，新购喷雾器年摊8元，合计604元。产出——收干燥稻谷800斤，折价960元。收支两抵赚356元。

丙（强劳户）

投入——机耕用汽油30元，买谷种2斤76元，买化肥130元，买农药50元，买打谷用汽油10元，新购打谷机年摊108元，新购喷雾器年摊8元，买割禾器、板车年摊180元，合计592元。产出——稻谷850斤折价1020元，收支两抵赚428元。

重点说明：以上投入是农户真正投入的现金，产出是实物折价，需要出售后的实得现金才能得出真实收入，如某户所产粮食全部自食自用，产出则等于零。如某户所产粮食自食自用一半、另一半出售，产出只能按一半计算真实现金收入。总的来说，要想种粮有赚，必须种的面积大、产量高、出售多才能办到。动雷村留守种田的老农大多年迈体衰，只能种几亩田自食自用，是亏本种田。

（二）老人的心声

1. 种粮难，种经济作物也难，老农增收难（5组70岁农妇于爱玉谈）

我家共9.4亩稻田（其中大儿子4.4亩，因他全家外出打工，都由我代管），就我和丈夫（67岁老村干部，体弱多病而且社会活动多经常影响生产）种植，前几年种6—7亩，今年只能种4亩多，其余转让给别人种。我们种的粮食只能供自己食用，没有出售的，所以每年种粮都是硬投入，等于是在自己田里买高价粮吃。用钱则靠种绞股蓝、茶叶、养鸡、鸭等出售收入。今年我家种半亩绞股蓝尽管遇上夏秋大旱，仍获得 1800 多斤，售后得 5500 元，折亩产 11000 元。虽然收入可观，但人很累，从 6 月开始摘叶以来到 11 月底，5 个多月从早到黑守在田里腰没直过，我患有颈椎盘突出和腰部骨质增生，一天做下来腰酸背痛眼睛花，邻居说我是用健康换收入。儿子们要负担子女读书和支付家用，没有多钱补贴我们。我们是越来越老，身体是越来越差，很多收入眼前就抓不到了，挣钱越来越不容易。

2. 林区山冲小岔田难种，但不种没粮吃，种又不合算，两难（1 组 71 岁老农覃献钧谈）

我们组是全村海拔最高的组，平均海拔 580 米，154 亩水田就有 600 多坵，最大的一坵只有 1 亩 2 分，剩下的都是斗笠坵（指斗笠放下去就能遮住田）、肠子田（指田细小狭长如肠子一样），而且山高坡陡、路程远，最远田有 6 里多路。屋门附近田垅好田不过 20 来亩，还有逐年被建房占去的危险。全组 170 多人就外出 131 人，在家的老小仅 40 多人，一对男女精壮劳力不过能种 8 亩多，我们这些七旬汉种 3 亩多也很费力。由于是高寒山区，冷浸田多，阳光不足，山下邻村田亩产八九百斤，我们的田只有 700 余斤。所以我们组留守在家的勉强种 80 亩田，其余只能任其抛荒。今后会抛得更多。这些土地就只能白白浪费着。我想我们祖先历经千辛万苦把这些田开发出来，到我们这两代人就成了“败家子”。要继续全部种粮也是不切实际的，只有因地制宜，把一半种粮，其余退耕还林或改种经济作物。鼓励在外打工的人回来开发创业，搞适度的规模经营，因为在我们林区规模种植 30 亩比平原丘陵地区种 100 亩还费力。只有打破旧观念、创造好的开发条件才能吸引老板来开发。

3. 扶贫要扶种粮户（7组42岁村民陈代善谈）

我上有86岁老父亲，下有两个女儿，都是中学没读完就出去打工了，妻子患精神分裂症，我自己患腰椎间盘突出症和关节炎，做不得繁重农活，只能在家种点田和打打临工。为治疗父亲、妻子和我自己的病花费了3万多元，至今欠债2万多元。家里穷没有多钱买化肥、农药等物资，自然产量就低，形成贫穷—投入少—产量低—收入减—更贫穷的恶性循环。我体弱不能外出打工，只能老实在家种田，但是越种越穷，不种又不行。就盼望政府将扶贫资金多照顾我们，让扶贫资金为保障粮食安全真正发挥作用。

4. 多为家乡做奉献（9组青年于合理谈）

20世纪90年代初，我大学毕业后不去考什么公务员走当官之路，而是走进社会闯事业，结果在商海里创立了自己的事业，不仅在经商、制衣业有了自己的厂店，近几年还涉足房地产、高速公路建设等项目的发展，自己已富了起来。但我时常想起在家乡种田的父老乡亲，他们面朝泥土背朝天，严冬酷暑做农活的艰难处境和奋斗精神，我们这些先富起来的农家后代应该为他们做些无私奉献。2009年，家乡修水泥公路，我捐助5000元；2010年花4000元添置18套桌凳无偿供给家乡人民搞群众活动之用；近年来吸收家乡8个劳力到自己厂店就业；平时给受灾户、大病户、特困户送钱送物。这些都是我应该做的。我村有近百名在外创业成功人士，如果大家都能想着为家乡做点奉献，积少成多，就能发挥较大的作用，就能使留守老人增添致富创收的信心。

三 关于保护生态的后续问题

（一）动雷村生态保护的现状

由于减少了木材砍伐数量、少了过度放牧、少了过度切坡、减少了山地积肥、加强了森林管护，现在村内青山叠翠、树木郁郁成林，据专业人士评估森林覆盖率已达83%，立木蓄积量比1990年增40%。很多缺水的山冲常年有了积水，一些疏林地在变为密林地，矮林地变为高林地。人们到山里去，感觉空气清新了。但随着生态保护力度的加强，一些后续问题也凸显出来。

（二）农民心声

1. 县里方向明，下面才走得正（12组49岁村支书杨映德谈）

讲生态经济，先有生态，再有经济，生态好才有经济强。自新中国成立以来的50余年中，我们山区农民是靠山吃山，结果是吃得山上越来越光、树木越来越少、越来越矮小，县乡村三级都是木头财政，80%的财政收入来自木材。

进入新千年，县里狠下决心，以少砍木材、多办工业、大办水电、多搞非木材项目来兴工强县，多搞综合利用来限林兴林，真正恢复了以前的青山绿水、谷翠风清。以我村来说，目前森林储量增多，大片松、杉、杂树郁闭成林，单株挺拔高大，长势喜人。有人说，按现在价格，木材涨了多少钱，越往后越值钱。怕的就是见木眼红的领导人遇到政策宽松时，又会脑子发热，下令大砍木材来增加财政收入，重新破坏生态平衡。过去的几十年就是这样走过来的。因此，要把生态保护上升到法律层面，用钢铁手段长期执行下去。

2. 耕牛锐减，影响生态发展（4组78岁村民陈历兴谈）

据粗略统计，2010年全村有耕牛420多头，到2012年时仅有50余头。两年多锐减370多头。主要原因是大量使用耕田机械，替代了耕牛。耕牛一年四季360天，天天要照料，农忙时节更要精心照料，没有耕牛一身轻松了。但是耕牛减少，有小好处、大害处。

小好处是：刚造的幼林和种的庄稼不会被牛糟蹋了，田中排水圳和道路也不会被牛踩崩了，也不用担心牛走失而到处找寻了，也不会担心牛打架伤人伤牛了。

大害处是：牛少了，用牛耕田少了，大量田土用机耕，而机耕耕层浅，不保水不保肥，这是其一；牛少了，牛栏肥少了，于是大量使用化肥，引起土壤板结，农家肥少，病虫害就多起来，这是其二；牛少了，田边地边路边杂草猛长，现在离家半里路以上的道路和田土都被杂草遮盖了，这是其三；牛肉是上等佳肴，牛皮是上等皮革，牛少了，这些材料失去了供应，影响了市场和日常生活，这是其四。甚至“牛是农家宝”这几千年的农耕文明也被砸碎了。所以在生态保护和农业现代化的口号下，不要把耕牛当牺牲品，而要更加重视和发展起来。

3. 种田还是要牛耕为本（6 组 59 岁村民陈历凰谈）

种田还是要用牛耕靠谱。我养着一头大沙牯牛。五年前我一人种七八亩田，现在年纪大了一些，也还种四五亩田，除耕自己的田外还帮别人耕好几亩。牛犁田一般 4 寸深，有的犁 4 寸半到 5 寸，一般犁耙 2—3 遍，做到泥土上糊下松。每亩下 30 担猪牛栏肥，就比别人少用一半至 2/3 的化肥。由于犁层深，保水保肥，减少病虫害发生，因而又节省了农药，降低了农药毒液残留。而使用机耕的，一般犁深 2—3 寸，而且仅是一犁一耙，一不保水、二不保肥、三病虫害多、四杂草多。今年遇上百年罕见大旱，好多禾苗干枯，我种的庄稼都没受到太多的影响，一到秋收，我的产量比大多数户要高。另外，我在晚上都有看电视的习惯，对《新闻联播》和《天气预报》节目格外喜爱。看了新闻联播，了解党的路线方针政策和天下大事，心明眼亮精神振奋。看了天气预报，就根据天气情况安排功夫，所以我很少做糊涂工和返工，功夫有条不紊、做得主动，庄稼来势好，收成也好。我还利用电视上宣传的科学技术，应用到养蜜蜂和酿酒、养家禽中去，一年下来一个人在家虽然忙累，但总是每年挣 2 万元以上收入，相比在沿海打工的也不差，真感谢改革开放政策。

4. 坚决禁止捕猎野生动物（4 组 60 岁村民陈代焕谈）

我村近年陆续有了野兔、獾类和蛇类动物，应该说这是生态状况好转的一个好现象。但少数人私欲膨胀，经常捕捉这些野生动物到市场上出售挣钱。特别是大量捕捉蛇类以后，老鼠逐渐猖狂，现已发展到极端现象：没有哪家门窗、家具不被咬坏过，它们还咬烂衣服、被子、食品及书报。山老鼠在咬完庄稼以后，又入院进屋同家老鼠混合咬前述物品。人们用铁笼子诱捕、用药来药老鼠，未能捕尽。用养猫来捉鼠，结果猫吃了食药后的老鼠二次中毒死亡，这样养猫也发展不起来。想起 20 世纪 70 年代以前，乡间很少有老鼠，就是因为那时蛇多，有种专捉老鼠的黄豪蛇、水蛇，现在都已被捕捉剩下很少了。城里一些宾馆、酒家经常高价收购野生动物来提高食品、宴席的档次，才导致少数人放肆猎捕。乡村干部根本不管，甚至个别人还参与猎捕。如果不加严禁，刚发展起来的野生动物又会走向绝迹。

5. 坚持修防火线的好传统（3 组 72 岁老农陈代衡谈）

20 世纪 50—70 年代，我们村在每道山梁、每条山冲的山间道路边修防火线：将路两边各 2 米宽内的灌木、杂草砍光锄尽，疏通路边水沟。这样不仅方便人们到山里生产劳动，更重要的是起到防火、隔火的作用。一旦山上起山火，就被这防火线隔离了。就是风大火急，也便于人们行走灭火，起安全保护作用。如今，在家劳力骤减，人们田土都种不过来，更谈不上到山里劳动了。需要砍伐、运材和造林时，先将树木砍倒制成材后，再用挖土机进山掘坡挖路运材出山。缓坡可以，陡坡因挖路过高，切坡以后又会引起山洪暴发和山体滑坡，破坏生态。因此，必须把修防火线的好传统坚持下来。

6. 艰苦奋斗、勤劳创业精神永远不能丢（4 组 76 岁老农陈历泗、9 组 79 岁老农于全喜谈）

改革开放以来，经济发展了，生活水平提高了，交通发达了，很多生产劳动实现了机械化或半机械化，山区面貌大变了。生活的提高、劳动强度的减轻、环境的改观，使我们轻松愉快，从而身体也强健了。以前说“人生七十古来稀”，现在是“人生九十古来稀”了。但随之而来，出现了“少劳少动、玩物丧志”了。一些人特别是中青年，整天沉迷于打牌搓麻将，甚至通宵达旦。不爱打牌的则整天上网看电视或聊天消磨时光。其实并不是真的无事可做，村里田土山荒芜那么多，人少、劳力少、年纪老是一个原因，人变懒了不思进取也是一个原因。有的人家院子里垃圾成堆、门前道路崩垮、房屋漏雨也不动手清理。更有甚者，还要将饭碗端到牌桌上边吃边打、边看电视边吃饭。大人变懒，小孩学样，如今十几岁的孩子也不爱做事，上网、玩手机搞个没完没了。这样下去怎么得了！古人说“好逸恶劳、玩物丧志、由强变弱、丧家亡国”，这绝不是危言耸听！现实中因为赌博行凶打架、夫妻离婚、倾家荡产的案例每年不少。如果用打牌搓麻将的一半精力和劲头去创业干事，肯定能干成点事。大家联合起来搞开发，土地资源就不会荒芜那么多，而且人参加了正常劳动，工余时间适当的娱乐消遣，劳逸结合，就能促进身心健康，逐渐实现精神文明。当然要扭转这种慵懒作风，关键在各级领导带头。干部带了头，群众自然跟着走。

7. 切实加强对水源林、风景林的保护力度（5 组 48 岁村民陈善中谈）

县、乡没有给我们村划天然保护林区域，但不等于我们没有保护天然林的任务和责任。我们村总面积 14000 多亩，其中林地就有 12000 多亩。有水田近 1100 亩，这些田多数靠山冲泉水浇灌，山冲冲头第一坵田为水源田，上面的森林起着积聚雨水、涵养水源、湿润田土的作用。一旦水源林遭到破坏，水源马上受到影响。2004 年，我屋背山冲井氹上面 5 亩多水源林发生火灾，林木全部烧光，几年后才慢慢长起茅草灌木。从那以后，能容纳 5 立方水的井氹一到干旱季节就发生枯水，有时干到了井底，使 60 多人饮水、5 亩多田灌水都成问题，弄到要抽水抗旱和到远处挑水吃的地步。听老人们说，这个井氹几百年没干过，这片森林也几百年没被烧过，井氹一年四季水满、水清如镜。如今一把火就烧出了灾难。还有屋前屋后、山脚路边的大古树，既是风景林，又是“贮水池”，有的树龄几百年了，万万砍不得的。30 多年来造林砍山，把 100 多年以上的大古树都砍掉卖钱，以后造的林又十多年全砍造林，都是人为地在破坏生态，得不偿失啊！今后县里要对每个村划定一定区域作为天然林保护起来，风景林（古树和名木）都要挂牌，政府付给合理补偿（即报酬），真正实现“青山常在”。

四　关于土地规模经营和土地流转

规模经营既要快又要稳（50 岁村秘书陈代平谈）

目前我们村，水田实际荒 1/3 多，旱土荒 1/2，油茶山荒 80%。造成这些的原因主要是全村总人口的 2/3 多都外出打工，其中精壮劳力占 80%，留守在家的 20%劳力中，真正种田的不过一半，还有一半是就近打工或从事其他服务业。留守在家的这些人大都是 60 岁以上的老人，就凭这些人晚上不睡、白天拼命也经营不了这么多田、土、山。前面说到的遍山绿化实际还包含了田土山上的杂草灌木化。随着留守老人的逐年老去和去世，这个问题将更加尖锐，因为已出门打工的再不愿回来，未出门的小孩长大了也是千方百计要出去，农村人口会越来越少，荒芜面积越来越大，造成严重的土地资源浪费。怎么办？还是靠动员外出人员回乡创业和引进外地人才开发，办家庭农场、专业合作社、股份制农场，实行规模经营。这样进行，土地流转是关键一环。要做好这项工作，必须处理好五个问题。

一是土地权属。如果是租赁、转让，那是有期限的，一般 10—30 年。不能进行拍卖，拍卖是永远的。必须保证田土山主的承包和经营权，开发者只有期限内的使用和管理权。二是土地租费。按田土山质量好差、远近进行分等定级，一般三等六级即可，不可太细。租费可参照邻乡邻村同类价格标准双方议定，签订契约，互相严守。三是土地开发。租者需要修机耕路、小型水利项目和其他相关项目。占用田主的田土山的，先征得主人同意，划定占用界线，按地方通行标准，给予合理补偿。田土山主人不要无理阻拦开发，租者也不可超越界线扩大开发地域。四是到期处置。租赁或转让到期时，征得田土山主的同意，租者可以续签契约继续租赁（或转让），如田土山主要收回，租者按租前土地状况完整归还。有损坏的双方协商赔偿事宜。五是契约公正。这种田土山租赁、转让须依法进行，填写双方认可、符合上级公文要求的契约书，有见证单位（村委会或乡政府）、有公证单位（乡政府或县公证处），以免以后权属、责任不清而发生矛盾或纠纷。

这项工作宜早不宜迟，既要在 2015 年完成，早搞早受益；又要稳妥，防止急躁生事，切实解决好以上五个问题，以求真正利用好土地资源，造福于民。

五　关于农村环境治理问题

（一）动雷村目前环境状况

由于传统习惯和现代化建设进程影响，动雷村生态环境形势十分严峻。生活垃圾乱扔乱倒，虽然少量焚烧，大量的则是流入溪流中，农药瓶、农药袋田边溪河边乱扔，致使水质恶化；一些养殖户（养猪、牛、羊）将圈栏建在公路边或溪河边，粪便乱拉，粪水流入溪河；沿公路、沿溪河修建房屋，一则影响交通，二则生活污水、建筑垃圾直接倒入溪河，加剧溪河淤塞，水质变坏。村民形容说：水是青色（有毒），路是灰色（垃圾灰尘覆盖），田是白色（农膜农药袋堆着），土是红色（肥土流失），人是黄色（病容病态）。

（二）农民心声

1. 上游污染、下游受害（8 组 48 岁村民龙瑛谈）

我村主要溪河动雷水，沿溪有 9 个村民组。源头 3 个村民组经常将生活垃圾、死鸡死鸭、霉烂变质食品、农药瓶汽油瓶倒入溪中，又经常在溪中洗便桶、喷雾器和清洗污染机械，使水流呈黑绿色，又臭又毒，害得我们下游的人好苦！我们经常在这溪里洗菜洗碗筷炊具，洗了以后又得回家用远处挑来的清水洗几遍才能用。向他们提意见，根本不听，说什么“祖祖辈辈都是这样的，你要爱干净就离开这里”。怎么办呢？总不能世世代代这样下去嘛！

2. 抓紧搞好农村环境污染治理（3 组 44 岁村民陈善明谈）

前两年，村里在五大片（村里按人口居住情况将 13 个组划为五大片）每个片中修一个垃圾池，用砖砌成宽 1.5 米、长 2 米、高 1 米的池子用于堆积和焚烧垃圾，一个片少则 40 多户，多的 50 多户，每天要产生多少垃圾啊?! 靠这个池子消化无济于事，建大中型垃圾处理场又没有条件，还是要从小事抓起。各户家长要教育小孩，不要乱丢乱扔垃圾，一户或联户建个垃圾处置场，将干燥的垃圾烧掉，将湿润和烧不了的垃圾深埋，房屋、院落、道路经常打扫，溪流每年清挖疏浚，订立卫生公约，大家监督执行，环境状况会逐步好起来的。

六　关于惩治农村“拖赖户”的问题

（一）动雷村“拖赖户”现状

“拖赖户”就是指农村中欠债不还、欠公益款不交、欠义务工不做的那些刁滑户。通过访谈调查了解，目前动雷村“拖赖户”情况如下。

1991 年，村建砖混结构小学教学楼，除村自筹外，按当时村里人头每人集资 20 元，绝大多数人交款，但至今还有 100 余人未交。1999 年，县里为扩建省道“1805 线”农村按人头每人集资 40 元，除绝大多数人交了外，至今仍有几十人未交。2007 年冬为修建村道水泥路，受益的 2、3、4 队片按人头每人集资 300 元，至今仍有 60 多人未交。2005 年免除交皇粮国税，也有 10 多户未交清尾欠就拖过了。20 世纪 80 年代以来，村里清理乱砍滥伐、超计划生育的罚款，每次总有几户未交或未交清。村（含一些组）历届出纳换届打移交，手里总有一些挪用的欠款，也一届一届地拖下去未交。

（二）村民呼声

1. 对这些人要采取硬措施（8组71岁村民陈远开谈）

我1985—1988年任村长，1989—1994年任副村长，1995—1998年再任村长，现任村民组长。在长期的基层工作中，对这些“拖赖户”总是心慈手软，这些人就滑惯了、拖惯了。绝大多数户对这些拖赖户有意见，也对我们村干部有意见，说我们长期放纵他们。其实这些人是最没良心的，他们不但长期拖欠，我们上门催交，他们中多数人还强词夺理、歪理不让人。对这些人只有靠上面协助搞硬措施“强收”，否则永远便宜了他们。

2. 抓一抓老百姓中的腐败现象（4组75岁老农陈历泗谈）

别看这些“拖赖户”数额不大，但思想不对头，影响很坏很深。上级领导经常讲“不让老实人吃亏，不让狡猾人占便宜”。我说占一次问题不算大，但老这样占下去问题就大了。他们是拖垮集体经济的蛀虫，是破坏公共事业的败类。现在这些人还被某些人说成是“有本事的人”，我不知道上级还有没有办法惩治他们？这些腐败现象该不该严管？

七　关于活跃农村文化生活的问题

（一）动雷村目前群众文化状况

村里的活动中心是虚设，除了村组干部每年开几次会便大门紧闭。留守人们中一部分人打牌搓麻将，一些人田野搞生产。电教设备、农家书屋从未开放，甚至老百姓还不知道。一天到晚只闻打牌声、麻将声，听不到歌声和读书声。红白喜事外来乐队表演文艺节目、县里电影到村放映、家里看电视，就是仅有的群众文化生活。外出的青年们说“一回家人就变老了”。

(二) 农民心声

1. 农民迫切希望活跃群众文化生活（11组76岁村民于全仁谈）

20世纪50—70年代，当时村称大队。我们大队各项工作在全乡名列前茅，尤其是群众文化生活开展得有声有色，多次获得地(市)、县表彰。那时大队文艺宣传队根据党的中心工作自编文艺节目，经常深入屋场、田头演唱，大队和生产队都有黑板报、墙报宣传时事政策、推介农科技术、表扬好人好事；大队和生产队的大小会议前大唱革命歌曲和山歌；过年耍龙灯、舞狮子、逗春牛、拍铜钱、唱土地热热闹闹；妇女逢年过节剪纸、平时绣花、凿万花茶；男子撬屋、拉木、打夯喊号子雄壮有力；工间休息时下棋、打扑克、猜谜语助兴，打扑克只准挂胡子、钻桌子、喝水，不准打钱；大队每年要举办一次文艺汇演、山歌比赛和剪纸书法展览。尽管当年集体生产任务紧、功夫累，由于文化生活搞得好，大家心情舒畅，精神振奋，再累不觉累，再苦不觉苦，总是干劲十足，因而各项生产走在前，各项工作有起色。

现在实行改革开放，经济大发展，生活水平大提高，但思想道德却变坏了，“一切向钱看”，“见钱眼开”，“唯利是图、利大大干、利小小干、无利不干”，“今朝有酒今朝醉”，“只图自己享受，不管老人死活”，“各人只扫门前雪、不管他人瓦上霜”，“有权不用、过期作废；有福不享，死了空想”，等等，这些错误观念泛滥成灾，打牌、搓麻将、扳豹子（即赌博）大行其道，有人还大肆张扬“又嫖又赌、快活享福，不嫖不赌、种田吃苦”的歪风邪气。一部分正直守法和勤劳的人被说成是“思想僵化”、“没本事”的人。我们这些所谓没有本事的人就参加唱山歌、跳大众舞、唱民间小调，有的去参加拜佛、唱佛歌等传统民俗活动，大家欢聚一堂，活动身手、放松心情，搞得开心舒畅。我们唱的念的内容都是劝人行善、多做好事；劝人敬老、多行孝道；劝人勤劳、多增收入；劝人节俭、多积财富；劝人多学、心明眼亮；劝人跳舞、锻炼身体。还把党的政策、历史典故、当地好事等内容也编进去演唱，对青少年起到教育作用，对那些搞歪门邪道的人起到劝化作用。

我从17岁当大队民兵排长开始，当生产队长、大队长、大队党支书、村支部副书记、村民组长，一直干了40余年。在长期的工作实践中认识到，农村文化阵地很重要，正气不去占领，歪风邪气就乘虚而入占领，毒化政治空气，麻痹人们斗志，助长违法犯罪，尤其是毒害青少年。所以，群众文化工作万万不可放松。现在一些乡、村领导对群众文化活动不重视、不支持，所以农村没有生气，弄得留守家园的老年人忧愁、无聊、枯燥，正气下降，邪气上升。文化不兴必然经济衰落。乡村领导要端正认识，用抓经济的劲头抓文化，把传统文化和现代文化结合起来，做到形式多样化、活动经常化，真正实现文化强乡、文化强村。

2. 常看书报，人变年轻（7组84岁村民陈历忠谈）

我从青年时代起，就有读书看报的习惯。现在虽然年老，我还订有两份党报，一有空就看。不但自己了解党的方针政策、天下形势和科技发展，我还向来我家聊天问事的邻居宣传这些内容，大家把我当成政策台、时事库。由于坚持经常看报，我感到越活越年轻。村组每次组织修路、打扫卫生等集体义务工，我都积极参加，边劳动边宣传，开心得很。

3. 多学增本领（5组52岁村民王中华谈）

现在打牌搓麻将成风，我从不沾边。我工余时间就看书、看电视。我妻子、儿子在浙江打工多年不回家，家里就我一人。由于有书籍、电视为伴并坚持学习，丝毫不感到孤独、寂寞和空虚。我患有关节炎，按书上介绍的去药店买几种药、膏，连吃带敷，几次就治好了。插秧后禾苗有了病虫害，我按照书上和电视上介绍的去买了几种农药，一打就消灭了，禾苗长势喜人。书和电视成了我的随身“老师”，我经常不放过向“老师”求教的机会。

4. 世上文盲吃不开（8组54岁村民陈历华谈）

我因家庭经济困难，初小未毕业就不读书了。20世纪90年代起，我也随着家乡打工者到外地打工。那时我年轻力壮，技术活干不了，力气活还能干得。近几年，年纪大了，干力气活感到力不从心了。每换一个厂子或工种，都把最重最难的活给我干。比如修水泥路，开车我不会，开搅拌机我也不会，只好去拌水泥砂浆，热天喝灰尘，冷天喝寒风，身上一身浆，一天下来累得骨头散了架。现在老板说50岁以上人员老了不要，怎么办呢？这把老骨头如果找不到老板收留，只有回家种田了。

5. 进城陪读不足取（7组52岁村民杨丙英谈）

实行计划生育以来，我们少数民族乡每对夫妇生两个孩子，大人对孩子格外看得重。随着现代化步伐加快和“读书做官论”的影响，“望子成龙”的心情更为迫切，许多家长都把孩子送进城读书。从学前班一直到高中毕业。特别在学前班至小学阶段，孩子年纪小、不懂事，家长不得不进城租房照料他们，人们称其为“陪读”。我就为两个孙子在县城陪读两年多了。据估计，我们林区一个常住人口3万多的县城就有2000多陪读人员，加上被陪读的学生达5000多人。这支陪读大军进城带来系列问题：教学设施和教师紧张（有的教室学生八九十人，弄得教室里走道都没有，还不得不扩班招生），与此同时，农村学校则大量剩余；陪读人员大都是农村精壮劳力，他们进城无事可做，既减少家庭经济收入又浪费了人力资源；大量陪读人员进城租房造成县城住房紧张，促使房主抬高房价，更加重家长负担；学生上学、放学时间造成城市交通拥堵；为支付高额陪读费用，许多在家务农的劳力不得不放弃农业而外出打工（我家每年额外支付在城陪读费用就达18000多元），使本来务农劳力少的农业又进一步减少劳力；家庭条件好的、学习成绩好的学生进城，家庭条件差且学习成绩差的学生留在农村，造成新的城乡差别。目前这股进城陪读风越来越盛行，怎么得了！

八　关于农村喜事铺张浪费问题

（一）动雷村2011年红白喜事开支和雇工情况

改革开放以来，由于经济大发展，群众生活水平大提高，农村办酒宴排场和送礼档次也水涨船高，而且互相攀比，居高不下，贫困户不堪重负，富裕户也感吃紧。

某户结婚（娶亲）酒宴购物清单（在家里办酒席）：

吃的10657元，其中：

猪2头，毛重450斤*斤价8.00元，计3600元；

鲜鸭8只，重35斤*斤价10.00元，计350元；

鲜鸡6只，25斤*斤价12.00元，计300元；

鲜牛肉6斤*斤价35.00元，计210元；

鲜鱼30斤*斤价8.00元，计240元；

鸡脚10斤*斤价11.00元，计110元；

粉丝8斤*斤价6.00元，计48元；

海带8斤*斤价6.00元，计48元；

花生米10斤*斤价3.50元，计35元

香烟1件50条*条价50元，计2500元；

啤酒8箱96瓶*瓶价3.50元，计336元；

中档白酒40瓶*瓶价50元，计2000元；

米酒100斤*斤价4.00元，计400元；

饮料40瓶*瓶价5.00元，计200元；

各种蔬菜280元。

用的2864元，其中：

红布20尺*尺价3.00元，计60元；

小炮10万*万价18.00元，计180元；

礼花炮18筒*筒价18.00元，计324元；

香、蜡烛、纸张、彩花，计200元；

毛巾 400 条 * 条价 4.00 元，计 1600 元；

餐纸、塑料碗杯筷，计 500 元；

其他 15160 元，其中：

中小车辆 6 辆（20 里内）租价 1800 元；

乐师 4 人 3 天 * 每人每天 90 元，计 1080 元；

送女方父母礼金 10800 元；

各种小红包计 1000 元；

风水先生择佳期手续费 480 元；

合计：28681 元。

开餐伙食标准：

平时餐，每桌 8—10 碗菜（数字后面是碗，略去不写，下同），计：小炒肉 2，猪杂 1，鸭肉 1，鱼肉 1，花生米 1，汤菜 2，小菜 2，摆米酒 2 斤（正餐之前一餐加摆饮料一瓶）。

正餐，每桌一般 16 碗菜，计：小炒肉 2，烂猪脚肉 2，牛肉 1，鸡肉 1，鸭肉 1，鱼肉 2，扣肉 1，鸡脚 1，花生米 1，糖 1，汤菜 2，小菜 2（如逢白喜事即丧葬酒宴加发豆腐 2，将小炒肉和鱼肉各减去 1），摆中档白酒 1 瓶，饮料 1 瓶，啤酒 2 瓶，米酒 2 斤，瓜子花生 1 包。

亲友来祝贺送礼的，一般送红包，高的几千元，低的也要 100 元以上。地方团邻来吃一餐正酒每户送 30 元，新娘敬茶加送 1—5 元。亲友给新娘敬茶舀水洗脸和新郎敬酒每项另送小红包（10—100 元）。

农村中请酒名目越来越多，生小孩有三朝酒、满月酒、周岁酒，以后每满 10 岁做大生（60 岁以后称做寿），满 5 岁做小生；结婚有收亲酒、嫁女酒；建房有起屋酒、进屋酒；考上大学或公务员或提拔有升学酒、升官酒，开店营业有开张酒；丧葬有葬礼宴；还有节日酒（如春节、端午节及各姓氏纪念节酒）。

红喜事（指结婚、建房）一般要请以下帮忙人员。

总管2人、执客2人、出差2人、接亲2人、敬茶2人、蒸饭2人、办菜10人、搬桌凳2人、摆菜洗碗筷6人、管酒1人共计约30人左右。另去女方家接亲抬嫁妆一般6人、轿夫2人、放鞭炮1—2人、乐师4人、司机4—6人。

白喜事（指葬礼）一般请以下人员帮忙：经承（即总管）2人、执客2人、证明2人、打锣1人、封写包4人、打纸2人、打斋3人、敬茶2人、管酒1人、蒸饭2人、办菜8人、跑堂（即摆菜收洗碗筷）8人、出差2人、风水师1人、乐队4—8人、道师4人、挖井坑4人、扶灵柩一般20人（路差又远的再据需要加人），合计70人左右。

20世纪90年代前，喜事雇请帮忙人员除特需人员到外组或外片请外，其余人员本组或本片就够了，90年代后外出打工人员太多，现在一般要雇请3—4个组甚至6个组的人，而且大多数是60岁以上，有少数身体好的80岁也在帮忙。

（二）农民心声

喜事大操大办是自己加重负担（6组64岁村民陈代富谈）

近年来地方红白喜事主人总请我帮忙蒸饭，大小排场我都见过。就是不请我帮忙，我也得去祝贺送礼。每看到这种排场，我就一身麻。幸亏90%以上做喜事办酒席的户是外出打工有钱的，他们回家花个三四万元不棘手。可是有的人家钱并不多，或有点钱准备急用的也不得已拿出办酒宴。地方上有个惯例，就是同等户一户比一户档次高，低了就遭人冷嘲热讽甚至责备。少数户确实是打肿脸充胖子——宁可欠债、不可丢人。前些年我组有户青年夫妇拿出准备建房和给儿子读中学的钱为葬母而花光了，结果新房建不成，儿子读书无奈向别人借钱。从发香烟就表现出主人的档次，下等户发5元一包的盖白沙牌，中等户发10元一包的精品白沙牌，上等户发25元一包的芙蓉王牌。下等户点头哈腰、中等户面带微笑、上等户气冲云霄。我说还是不要攀比，要量力而为，地方人也要体谅困难人家。

地方办宴难请人，进城办宴最简便（8组45岁村民陈历归谈）

近20年我夫妇在广东打工，厂子待遇好，我们积累了一笔钱，回到县城买了一套房子。亲友们都来祝贺。开始我想在地方请人帮忙办宴，可是现在地方人手很少，基本是60岁以上的老人，天气又冷，莫造孽吧，于是决定在县城办宴，我租车接送亲友在县城酒家办了一餐，大家吃得很高兴。我省了事，大家也省了事。

办喜事一定要节俭（12组57岁村民杨荣跃谈）

一个地方几十户，每年总有各种各样的酒宴，有的在乡里办，有的在县城办。无论在哪里办，都要牢记两个字——节俭。去年我父亲病逝，我老早就做了准备，能不花钱买的尽量不花钱。猪自己喂的、家禽自己养的、蔬菜自己种的、米酒自己煮的，算起来就比原计划节省近10000元，达1/3多。白喜事办得亲友还满意。目前农村真正大富的人家不多，就是大富也不能大手大脚搞浪费。

刹“奢风”先要各级领导自己先刹（7组76岁村民杨松花谈）：

别看我70多岁老太婆，办喜事帮忙还是一把好角呢！我在喜事宴中担负蒸饭这种繁重的任务。在劳务中经常接近邻村邻乡亲友，有的谈某村书记为儿子结婚办宴几十桌，收礼好几万元；有的谈某乡长为父亲祝寿在城里办宴，乡下各村村干部、相熟的村民都去祝贺送礼，筵席一摆几十桌，多隆重热闹呀！单说村干部办宴，他们是地方上的头面人物，总希望办得隆重豪华才体面、风光。有钱的富户也不甘落后，还要“后来居上”。其他老百姓也无奈地跟着走，形成“谁不奢华办宴谁脸上无光”的扭曲心理。其实，这都是“上梁不正下梁歪”，只要乡村干部带头节俭办宴，或干脆不办宴，村民就会效仿，这股铺张浪费之风一定能刹住。

后　记

这个调查报告是在中国社会科学院农村发展研究所立项和支持下完成的，也是在湖南省绥宁县、党坪乡、动雷村各级组织的协助下完成的。我们要特别感谢农发所的老所长张晓山教授、副所长杜志雄教授、科研处老处长刘燕生老师；特别感谢绥宁县各级组织和领导。我们还要特别感谢动雷村的父老乡亲们。

本书得以完成，仰赖于作者之一陈明才同志提供收集的基础资料。老陈是土生土长的动雷村苗族人，1945 年生。16 岁初中毕业后，就以优秀知识青年董加耕为榜样，立志建设家乡。曾任大队秘书兼团支部书记。后任村党支部书记，前后达 45 年之久。他不仅有丰富的基层实际工作经验，而且一直坚持自学，善于思考，勤于动笔，曾担任省、市、县党报、电台通讯员多年，并在 1997 年主笔完成湖南省首部苗族乡志《党坪苗族乡志》一书，共 40 余万字，获得好评。他还多次担任邵阳市和绥宁县、党坪乡党代表、人大代表和政协委员，为当地的现代化建设提出过不少好建议。

我们这个调查报告的写作，是专业研究人员与实际工作者相互学习、密切配合的一个尝试。目前完成的调查报告，只利用了这次调查取得的大量资料中的一部分。毫无疑问，专题性社会调查要受到严格的时间和空间的限制。本调查始于2010年秋，经2011、2012年至2013年基本结束，在书稿形成过程中又几次补充调查。之所以延续数年而不敢轻易终止，只是希望达到一个目的：尽可能如实反映和理解动雷村的真实面貌，尽可能反映动雷村村民们的生活实景和喜怒哀乐，以期通过这个典型，加深对中国乡村特点之认识。自2014年后至2018年，动雷村又发生了许多变化，如行政区划变动、山林政策改进，等等，对全村都产生了不小的影响，但这些变化已不可能在这里有所反映。详细记录并思考这些变化，应该是后续调查的任务。

对长期局限于书面资料而远离实际、与普通农民相当疏远的人文社会科学研究者来说，到社会基层去和农民兄弟交朋友，向他们学习，以认识和补充自己的诸多不足，确实获益匪浅，十分必要。

中国社会科学院经济研究所　林刚